Dr. Dankwart Seidel
Wilhelm Eisenreich

Heimische Pflanzen

Häufige und auffällige Arten erkennen und bestimmen

blv

Die Deutsche Bibliothek –
CIP-Einheitsaufnahme

Ein Titeldatensatz für diese Publikation ist bei Der Deutschen Bibliothek erhältlich

Bildnachweis

Eisenbeiss: 7 l, 7 r
Pforr: 13
Reinhard: 6 l, 6 r
Seidel: 14 o, 14 u

Alle anderen Fotos sowie die Fotos auf dem Umschlag: Wilhelm Eisenreich

Fotos auf dem Umschlag:
Roter Fingerhut (Vorderseite);
Wasser-Schwertlilie (Rückseite)

Zeichnungen: Barbara von Damnitz, außer S. 10, 11, 16 u, 18 M, 28 o, 36 u, 46 u, 48 M, 50 M, 52 o, 56 o, 68 u, 76 u, 90 u, 92 u, 106 u, 108 u, 110 u, 112 M: Marlene Gemke
und S. 9, 12: Hellmut Hoffmann

BLV Verlagsgesellschaft mbH
München Wien Zürich
80797 München

7., durchgesehene Auflage

BLV Naturführer

Lektorat: Dr. Friedrich Kögel
Satz und Druck: Appl, Wemding
Bindung: Auer, Donauwörth
Umschlaggestaltung: Studio Schübel, München

Gedruckt auf chlorfrei gebleichtem Papier

Printed in Germany · ISBN 3-405-15103-1

Einführung

In einer Zeit, die die gravierenden und oft schon irreparablen Einflüsse des Menschen auf die Natur offenbart, in der ganze Ökosysteme zerstört werden, eine Vielzahl von Tier- und Pflanzenarten bereits ausgestorben oder vom Aussterben bedroht ist, erkennen immer mehr Menschen, welch bedrohliche Perspektiven diese Entwicklung in sich birgt. In dem Maße, wie das Interesse an der Erhaltung noch vergleichsweise naturnaher Biotope wächst, wird auch die Notwendigkeit deutlich, sich mit den Vertretern ihrer Biozönosen (= Lebensgemeinschaften) wieder intensiver zu beschäftigen. Dies gilt gleichermaßen für Tier- und Pflanzenarten. Die Bedeutung vieler Arten für Stoffhaushalt und Gleichgewicht der Natur ist oft erst in jüngster Vergangenheit detailliert untersucht und erkannt worden. Die »Renaissance der Naturheilkunde« unterstreicht darüber hinaus das Interesse, die Heilwirkung zahlreicher Pflanzenarten (wieder) verstärkt für den Menschen zu nutzen.

Jeder, der sich ertmals mit der heimischen Flora beschäftigt, der bemüht ist, wenigstens die wichtigsten und häufigsten Pflanzenarten kennenzulernen, steht in der Regel vor einer zunächst unüberschaubaren Vielfalt von Arten, deren Ähnlichkeit oder Verschiedenartigkeit einerseits für eine genauere Bestimmung motivierend, andererseits jedoch entmutigend wirkt.

Die meisten der hervorragenden exakten Bestimmungsbücher gehen von einem Niveau aus, das für die erste Stufe des Kennenlernens heimischer Pflanzen zu anspruchsvoll erscheint. Insbesondere bereitet die Übertragung vom lebenden Objekt zum geschriebenen Text bzw. umgekehrt in vielen Fällen große Schwierigkeiten.

In dieser Situation können bildhafte Veranschaulichungen oft wertvolle Dienste leisten. Steht die möglichst naturgetreue Wiedergabe im Vordergrund des Interesses, so dürfte die fotografische Darstellung sicherlich ansprechender sein als jede zeichnerische, typisierende Veranschaulichung. Doch können auch fotografische Abbildungen niemals alle Details hinreichend genau zeigen, schon gar nicht eine exakte Beschreibung ersetzen.

Aus diesem Grunde soll im vorliegenden Buch durch die sich ergänzenden Darstellungsformen Text, Fotografie und Grafik insbesondere dem Anfänger die Möglichkeit zum »Einstieg« in die heimische Flora gegeben werden. Aus einem derartigen ersten Überblick über die häufigsten heimischen Blütenpflanzen und einem allmählichen Vertrautwerden mit dem botanischen Vokabular resultiert sicher die Möglichkeit und die Bereitschaft, die gewonnenen Erkenntnisse durch spezielle Literatur zu erweitern und zu vertiefen.

Der Versuch, die häufigsten einheimischen Blütenpflanzen in angemessener Weise zu berücksichtigen, ist von vornherein an verschiedene Kompromisse gebunden. Die Zahl der in Europa vorkommenden Blütenpflanzenarten dürfte nach Schätzungen bei etwa 20000 liegen. Die Gesamtartenzahl in der Bundesrepublik Deutschland beträgt mehr als 3300.

Auch die Anzahl der in Deutschland häufigen Arten übertrifft noch bei weitem den Rahmen dieses Buches. Eine

Kalkbuchenwälder mit lockeren, aktiven Mullböden sind reich an Frühjahrsblühern, die das günstige Lichtangebot vor der Belaubung für ihre Entwicklung nutzen.

Ruderalstandorte weisen oft eine reichhaltige Flora auf. Ihr Artengefüge ist ebenso fein auf die Standortsbedingungen abgestimmt wie das anderer Pflanzengemeinschaften.

entsprechende Auswahl war daher unumgänglich. So wurde in dieser erst einführenden Darstellung sowohl auf die Nadel- und Laubgehölze als auch auf die für den Anfänger im allgemeinen besonders komplizierten Gräser und Seggen trotz ihrer Häufigkeit verzichtet.

Der Naturführer umfaßt daher im wesentlichen bedecktsamige krautige Blütenpflanzen sowie einige Zwergsträucher, die in Mitteleuropa und den angrenzenden Gebieten sehr häufig bis weit verbreitet sind. Da über die Alpenflora ein eigener Naturführer vorliegt, wurden typische Alpenpflanzen an dieser Stelle nicht aufgenommen, andererseits findet aber die Verbreitung der hier angesprochenen Arten im Alpengebiet Berücksichtigung – dies kommt beispielsweise in der Grenzhöhenlage bei den Standortangaben oder bei den bevorzugten Bodeneigenschaften zum Ausdruck.

Die beschriebenen Pflanzen sind an Standorten anzutreffen, die für das gesamte mitteleuropäische und das daran angrenzende Gebiet typisch sind: Laub-, Misch- und Nadelwälder, Wiesen, Heiden, Kulturland (Äcker, Gärten, Weinberge usw.), feuchte sowie felsige Biotope, Ruderalstandorte. (Bei Ruderalpflanzen handelt es sich um Arten, die bevorzugt auf vom Menschen beeinflußten, vor allem stickstoffreichen Böden auftreten, beispielsweise an Wegrändern, auf Schuttplätzen oder im Bahngelände.)

Dem Naturführer liegt weitgehend eine systematische Anordnung der Arten zugrunde. Bezüglich der Nomenklatur sei vermerkt, daß für die meisten Arten

Ungedüngte Streu- und Magerwiesen zeichnen sich im Gegensatz zu gedüngten, mehrschürigen Fettwiesen durch eine große Artenvielfalt aus.

Streuwiesen in Gewässernähe und Niedermoore sind Refugien für besonders angepaßte, seltene Pflanzenarten. Vielerorts sind derartige Feuchtstandorte schon verschwunden.

eine Fülle deutscher Namen existiert – unter dem weithin gebräuchlichsten wurde die Art hier aufgeführt. Auch der Anfänger gewöhne sich deshalb vielleicht von Anfang an die exakten wissenschaftlichen Namen, die Bezeichnungsschwierigkeiten nahezu ausschließen.

Der wissenschaftliche Name einer Pflanze besteht nach der von Linné eingeführten »binären Nomenklatur« aus einem Doppelnamen, der sich aus Gattungs- und Artbezeichnung zusammensetzt. Beispiel: *Ranunculus repens* = Gattung *Ranunculus* (Hahnenfuß), Art *repens* (der Kriechende).

Gemäß dem Aufbau des Pflanzensystems werden mehrere Arten zu einer Gattung, mehrere Gattungen zu einer Familie (kennzeichnende Endung -aceae), mehrere Familien zu einer Ordnung zusammengefaßt (Endung -ales). Mehrere Ordnungen zusammen bilden jeweils eine Klasse (Endung -atae). Diesen übergeordnet sind die Kategorien Abteilung und Reich. Außerdem werden zahlreiche Nebenkategorien wie Unterabteilung, -klasse, Über-, Unterordnung, -familie, -art usw. benützt.

Die Texte zu den abgebildeten Pflanzen umfassen den deutschen und den wissenschaftlichen Namen (auf der Randspalte); es folgen Wuchshöhe und Blütezeit (die römischen Ziffern bezeichnen die Monate), die wichtigsten Bestimmungsmerkmale, Angaben über Standort und Verbreitung sowie bemerkenswerte oder charakteristische allgemein-biologische und (blüten-) ökologische Aspekte. In vielen Fällen werden als Ergänzung Hinweise zur

praktischen Verwendung der Pflanzen oder zu verwandten Arten gegeben.
Die Familienzugehörigkeit einer Art ergibt sich aus einer symbolischen Darstellung jeweils am Beginn der Grafikspalte oder beim Wechsel zur nächsten Familie. Die Grafiken selbst veranschaulichen für die Bestimmung wichtige oder sonst bemerkenswerte Details, die in der Regel im Begleittext aufgegriffen werden.
In geraffter Form sollen nachfolgend die in den Texten erwähnten botanischen Fachausdrücke anhand einer Übersicht über den Aufbau der Blütenpflanzen erläutert werden.

Aufbau der Blütenpflanzen

Die Blütenpflanzen gehören mit ihrem aus den grundlegenden Organen Sproß, Blatt und Wurzel bestehenden Vegetationskörper zu den Sproßpflanzen oder Kormophyten. Die Blüte selbst ist eigentlich ein Kurzsproß begrenzten Wachstums, welcher der geschlechtlichen Fortpflanzung dienende und entsprechend umgestaltete Blätter trägt: Kelch-,Kron-, Staub- und Fruchtblätter (vgl. Grafik S. 9).
Wurzel: Hauptwurzel und Seitenwurzeln unterschiedlicher Ordnung bilden zusammen das Wurzelsystem. Die charakteristischste Eigenschaft der Wurzeln ist die Blattlosigkeit. Unterirdische Sprosse, Rhizome sowie Ausläufer tragen zumindest bleiche Schuppenblätter oder deren Narben. Neben den Funktionen der Wasser- und Mineralsalzaufnahme und der Verankerung der Pflanze im Boden übernehmen die Wurzeln mancher Pflanzen zusätzlich die Speicherung von Vorratsstoffen. Daraus resultiert meist eine Umgestaltung zu Pfahlwurzeln (z. B. Löwenzahn), Rüben (Wilde Möhre), Speicherwurzeln oder Wurzelknollen (Scharbockskraut). Bei manchen Arten können aus den Wurzeln der Pflanzen neue Sprosse (sogenannte Wurzelsprosse) gebildet werden, die der vegetativen Vermehrung dienen (Leinkraut, Acker-Winde).
Sproßachse: Der Hauptsproß einer Pflanze ist meist in Knoten (Nodien) und Internodien gegliedert. An den Knoten stehen die Blätter in bestimmter Anordnung. Aus den Achselknospen gehen die Seitenäste hervor; erstere stehen in der Achsel von Laubblättern, die demzufolge als Tragblätter bezeichnet werden.
Dominiert der Haupttrieb über die Seitenäste, so liegt eine monopodiale Verzweigung vor; wird er von den Seitenästen übergipfelt, spricht man von einer sympodialen Verzweigung. Entsprechende Verhältnisse und Bezeichnungen gelten für die Blütenstände (vgl. S. 12/13) – z. B. zwei übergipfelnde, gleichwertige Seitenknospen: Ausbildung eines Dichasiums (Nelkengewächse).
Die speziellen Umgestaltungen des Sprosses sind Sproßdornen, Winde- und Rankensprosse, gestauchte Sprosse in Form von Rosetten oder Zwiebeln, Rhizome (unterirdische, meist horizontal wachsende Speichersprosse, die schuppenförmige Niederblätter besitzen), Ausläufer (oberirdisch, z. B. Erdbeere, oder unterirdisch, z. B. Quecke) und Sproßknollen (Kartoffel, Kohlrabi).
Blatt: Zunächst entwickeln sich die bereits im Samen angelegten Keimblätter – bei den Zweikeimblättrigen (Dikotyledoneae) in Zweizahl, bei den Einkeimblättrigen (Monokotyledoneae) in Einzahl. Sie sind reich an Nährstoffen und versorgen die keimende Pflanze, bevor

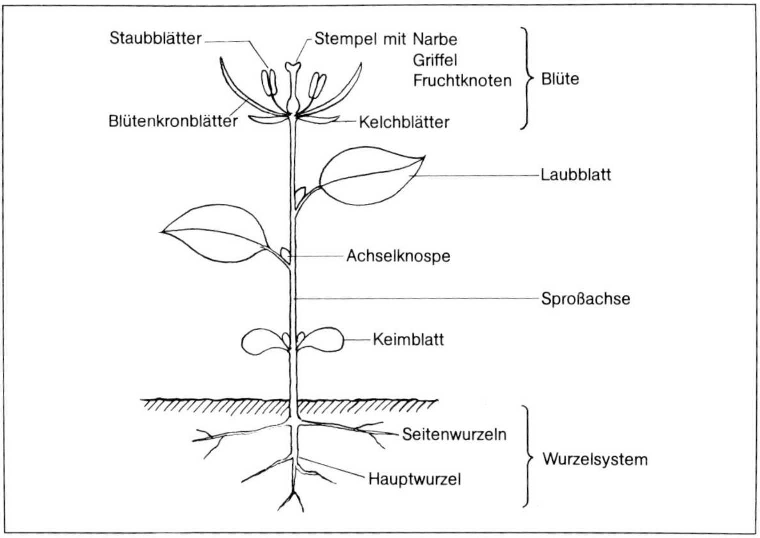

Charakteristischer Aufbau einer Blütenpflanze.

sie selbst durch Photosynthese organische Stoffe, vor allem Kohlenhydrate aufbauen kann. Dieser Vorgang erfolgt in den grünen Laub- oder Folgeblättern. Zwischen Keimblättern und Laubblättern werden häufig noch einfacher gebaute Primärblätter ausgebildet, die in ihrer Gestalt jedoch den Laubblättern in vielen Fällen sehr ähneln.

Unter Niederblättern versteht man einfach gestaltete, meist schuppenförmige Organe an der Basis der Sproßachse oder an unterirdischen Sproßabschnitten.

Als Hochblätter bezeichnet man gleichfalls einfach gebaute Blätter im oberen Teil des Sproßsystems (oberhalb der Laubblätter). Sie sind häufig an der Bildung der Blütenhülle beteiligt (z.B. bei vielen Hahnenfußgewächsen). Im Bereich der Blütenstände werden sie Deck- oder Tragblätter genannt, in deren Achseln die Blüten stehen. Dazu gehören beispielsweise der Hüllkelch der Asterngewächse sowie Hülle und Hüllchen der Doldengewächse. In manchen Fällen sind die Hochblätter auffallend gefärbt und übernehmen die Anlockungsfunktion (Schauapparat) der Blütenkronblätter (z.B. Weihnachtsstern!).

Bei einigen Familien treten als Auswüchse des Blattgrundes sogenannte Nebenblätter auf (u.a. Rosengewächse, Schmetterlingsblütengewächse und Veilchengewächse), die meist einfach oder unscheinbar gestaltet sind, in einigen Fällen jedoch das Aussehen normaler Laubblätter haben können (z.B. Rötegewächse), so daß eine Unterscheidung von diesen nicht einfach ist.

Die Gestalt der Blätter kann sehr unterschiedlich sein. Die wichtigsten Blattformen sind in den Grafiken dargestellt. Ein normales Laubblatt besteht aus Blattspreite, Blattstiel und Blattgrund. Bei einfachen Blättern ist die Blattsprei-

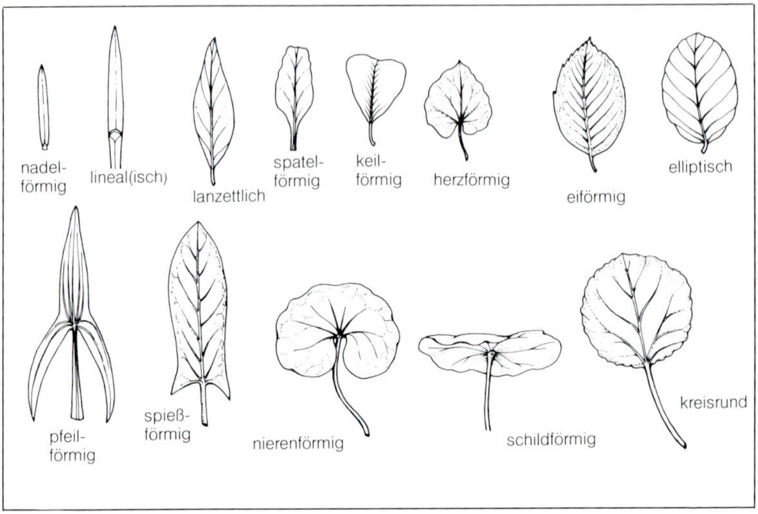

Wichtige Blattspreitenformen einfacher Blätter.

te ungeteilt, möglicherweise aber mehr oder weniger tief eingeschnitten. Zusammengesetzte Blätter (vgl. Grafik unten) besitzen mehrere selbständige, voneinander getrennte Blättchen oder Fiedern (Fiederblätter). Diese sitzen in der Regel paarweise an der Blattspindel, die dem Mittelnerv eines einfachen

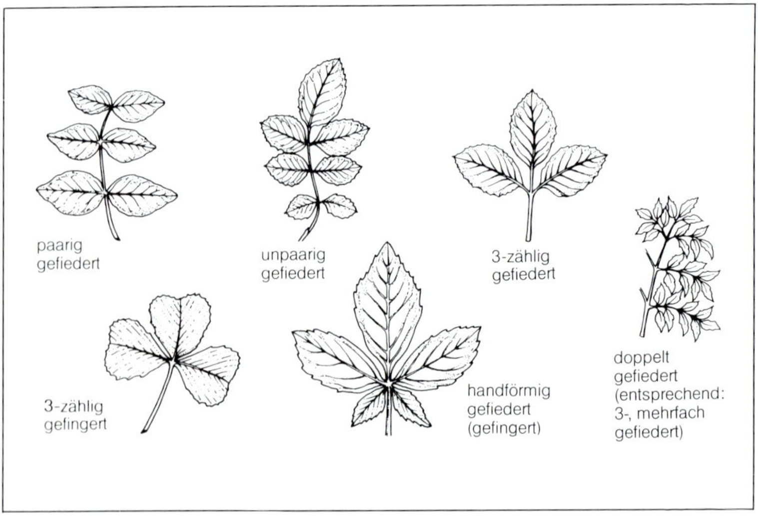

Aufbau der Blattspreite zusammengesetzter Blätter.

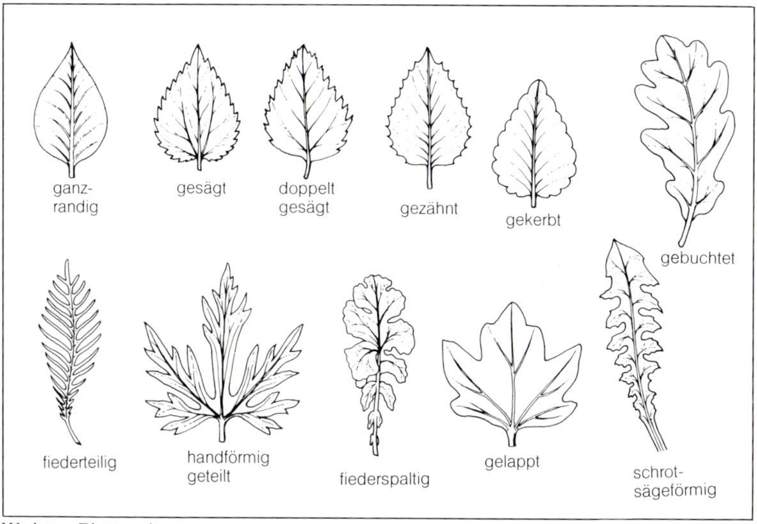

Wichtige Blattrandtypen.

Blattes entspricht. Sind die Fiederblätter selbst wieder gefiedert, so liegt eine mehrfache Fiederung vor (2-fach bis 4-fach). Bleibt die Blattspindel kurz, so spricht man von gefingerten Blättern: alle Fiedern setzen an einer Stelle an (z. B. Kastanie). Schließlich sei auf die Beschaffenheit des Blattrandes (vgl. Grafik oben) als ein wesentliches Bestimmungsmerkmal hingewiesen.

Blüte: An der Blütenachse stehen – von unten nach oben – folgende Organe, die entwicklungsgeschichtlich von Blättern abgeleitet werden: Kelch, Krone (beide zusammen bilden die Blütenhülle, das Perianth), Staubblätter und Fruchtblätter – letztere sind in den meisten Fällen zu einem Fruchtknoten verwachsen.

Fehlt der Kelch, so bezeichnet man die Blütenhülle als einfach; bei gleichzeitigem Vorhandensein von meist grünem Kelch und andersgefärbter Krone wird von einem doppelten Perianth gesprochen. Bei gleicher Ausprägung von Kelch und Krone hinsichtlich Größe und Farbe nennt man die Blütenhülle Perigon (z. B. Busch-Windröschen).

Die meisten Eigenschaften der Blüte, z. B. Form und Farbe, Duftstoff- und Pollenproduktion, oft sogar die zeitliche Dimension von Öffnen und Schließen der Blüten dienen in erster Linie der Anlockung von Tieren, in unseren Breiten vor allem von Insekten. Diese sichern die Bestäubung und damit die sexuelle Fortpflanzung vieler Blütenpflanzen und erhalten dafür im Gegenzug in der Regel Nahrung in Form zuckerhaltiger Säfte (Nektar) oder einen Teil des im Überschuß produzierten Pollens (»Pollenblumen«). Somit handelt es sich bei der Tierbestäubung von Blüten (Zoidiogamie) um die am weitesten verbreitete Symbiose zwischen Pflanze und Tier. Auch die zahlreichen Besonderheiten von Blüten, wie spezielle, andersfarbige Zeichnungen (sogenannte Saftmale) bis hin zu »Kesselfallen-« oder gar »Attrappenblü-

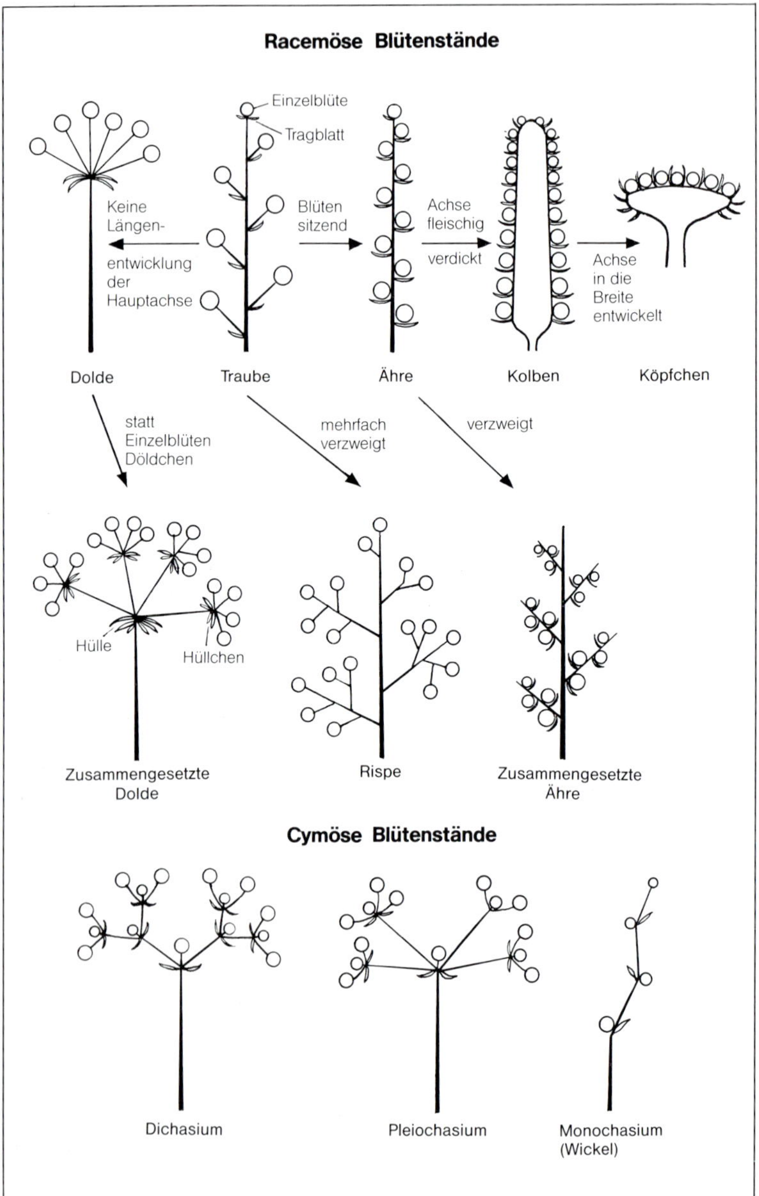

Übersicht über die wichtigsten Blütenstandstypen.

ten«, sind in diesem Zusammenhang zu sehen. Sie erweisen sich – oft geradezu verblüffend – als hochkomplizierte Mechanismen, die dem wechselseitigen Nutzen beider Partner dienen. Ergänzend sei vermerkt, daß selbst für das menschliche Auge unscheinbare oder unscheinbar gefärbte Blüten derartige Mechanismen aufweisen. Solche Blüten reflektieren meist (für das menschliche Auge unsichtbares) ultraviolettes Licht, das von diversen Insektengruppen (z. B. Hautflüglern) wahrgenommen werden kann.

Die Gesamtheit der Staubblätter wird als Androeceum, die der Fruchtblätter als Gynoeceum bezeichnet. Bei letzterem ist wichtig, ob die Fruchtblätter untereinander frei sind (apokarpes Gynoeceum, z. B. Hahnenfußgewächse) oder ob sie miteinander verwachsen sind (coenokarpes Gynoeceum, z. B. Doldengewächse, Lippenblütengewächse, Liliengewächse). Setzen die Staub- und Perianthblätter unterhalb des Fruchtknotens an, so ist er oberständig, setzen sie oberhalb des Fruchtknotens an, bezeichnet man ihn als unterständig.

Von großer Bedeutung für die Bestimmung der Pflanzen sind die Blütenstände; nur in vergleichsweise seltenen Fällen wird eine Einzelblüte ausgebildet. Die Grafiken auf Seite 12 geben einen Überblick über die häufigsten Blütenstände oder Infloreszenzen.

Entsprechend dem vegetativen Sproßbereich (vgl. S. 8/9) wird zwischen monopodialen oder racemösen und sympodialen oder cymösen Blütenständen unterschieden. Die Eigenschaften der einzelnen Typen lassen sich unmittelbar aus den Grafiken S. 12 entnehmen.

Frucht: Bei den Früchten unterscheidet man zwischen Öffnungs- oder Streufrüchten, Schließfrüchten und Sammelfrüchten.

Streufrucht: Porenkapsel des Mohns *(Papaver)* – aus mehreren Fruchtblättern entstanden.

Die Streufrüchte öffnen sich zur Reifezeit und entlassen die Samen. Balgfrucht und Hülse entstehen jeweils aus einem einzigen Fruchtblatt. Bei der Reife öffnet sich erstere jedoch nur an der Bauchnaht, letztere an Bauch- und Rückennaht. Beispiele: Balgfrucht (Sumpfdotterblume), Hülse (Schmetterlingsblütengewächse).

An der Ausbildung einer Schote sind 2 bzw. 4 Fruchtblätter beteiligt, zudem tritt zwischen ihnen eine falsche Scheidewand auf (Kreuzblütengewächse). Eine Schote ist mehr, ein Schötchen weniger als 3-mal so lang wie breit. Kapselfrüchte werden aus 2 oder mehreren Fruchtblättern gebildet. Je nach der Öffnungsweise der Kapseln unterscheidet man Porenkapseln (Mohn; vgl. Foto links), Deckelkapseln (Bilsenkraut) und Spaltkapseln (Johanniskraut, Herbst-Zeitlose).

Schließfrucht: Achäne des Löwenzahns *(Taraxacum)* mit Pappus als »Fallschirmflieger«.

Die Schließfrüchte bleiben bei der Reife geschlossen und werden zusammen mit den Samen verbreitet. Nach der Beschaffenheit der Fruchthülle wird zwischen Beeren (Fruchthülle fleischig; ein- oder mehrsamig), Nußfrüchten (Fruchthülle verholzt, dickwandig, hart; meist einsamig) sowie Steinfrüchten unterschieden (Fruchthülle mit innerem harten Steinkern und äußerem fleischigen Teil der Hülle).

Sammelfrucht: mehrere Einzelfrüchte der Wald-Erdbeere *(Fragaria)* sind über Blütenachsengewebe zu einer Sammelnußfrucht verbunden.

Bei Nußfrüchten treten mehrere Sonderformen auf, z. B. die Achäne bei Korbblütengewächsen: Hier sind Frucht- und Samenschale miteinander verwachsen; der Haarkelch (Pappus) bleibt bei vielen Arten erhalten und dient als Flugorgan (vgl. Foto). Bei den Spaltfrüchten trennen sich die einzelnen Fruchtblätter bei der Reife und bilden einsamige Nüßchen (z. B. Doldengewächse).
Sammelfrüchte entstehen aus Blüten mit apokarpem Gynoeceum (Fruchtblätter nicht zu einem Fruchtknoten verwachsen, s. S. 13). Beispiele: Erdbeere (Sammelnußfrucht; vgl. Foto), Himbeere, Brombeere (Sammelsteinfrucht) und Apfelfrüchte.

Gefährdung und Artenschutz

In den meisten Regionen Mitteleuropas sind die Ökosysteme durch menschliche Eingriffe schon so weit gestört, daß die Existenz zahlreicher Arten auf dem Spiel steht. Während diese Entwicklung zunächst weitgehend ignoriert wurde, bewirkte die Erstellung sogenannter Roter Listen einen vergleichsweise raschen Bewußtseinswandel. Bei den Roten Listen handelt es sich um Übersichten über gefährdete Organismen (Pflanzen und Tiere) eines Gebietes unter Kennzeichnung des Gefährdungsgrades. Sie wurden nach dem Muster der »Red Data Books« der IUCN (International Union for Conservation of Nature) erstellt und liegen inzwischen für viele Staaten und Regionen vor (seit 1977 für die Bundesrepublik Deutschland). Sie dienen insbesondere bei Fragen des Natur- und

Landschaftsschutzes als Beurteilungs- und Entscheidungsinstrument.
Die gefährdeten Pflanzenarten werden nach Auswertung umfassender Vegetationsaufnahmen verschiedenen Kategorien zugeordnet:
Die Kategorie 0 umfaßt sowohl die bereits nachweisbar ausgestorbenen bzw. ausgerotteten Arten, als auch die verschollenen Arten, deren Populationen seit mehr als 40 Jahren nicht mehr nachgewiesen werden konnten.
Zur Kategorie 1 gehören vom Aussterben unmittelbar bedrohte Arten. Solche Arten kommen nur noch in Einzelexemplaren oder Kleinstpopulationen vor; ihr Rückgang vollzieht sich sehr rasch.
In der Kategorie 2 werden stark gefährdete Arten geführt, bei denen ein erheblicher Rückgang zu verzeichnen ist oder die durch laufende bzw. absehbare menschliche Einwirkungen erheblich bedroht sind.
Die Kategorie 3 umfaßt gefährdete Arten, die merklich zurückgegangen oder durch laufende bzw. absehbare menschliche Einwirkungen bedroht sind. Hierher gehören z. B. Arten, die noch relativ große Populationen aufweisen, die aber durch menschliche Einwirkungen in ihrem Fortbestand bedroht sind.
Die Kategorie G bezieht sich auf die Arten, für die eine Gefährdung anzunehmen ist. Einzelne Untersuchungen lassen eine Gefährdung der betreffenden Populationen erkennen.
In der Kategorie R werden extrem seltene bzw. sehr lokal vorkommende Arten geführt. Selbst, wenn kein merklicher Rückgang festzustellen ist, können sie wegen ihrer Seltenheit durch unvorhersehbare menschliche Einwirkungen ausgerottet bzw. zumindest erheblich dezimiert werden.

Ergänzend sei angemerkt, daß die Situation in den einzelnen Regionen oder Bundesländern bezüglich einzelner Arten sehr unterschiedlich sein kann. Andere Listen und gesetzliche Regelungen gibt es auch in Österreich und der Schweiz.
In der Bundesartenschutzverordnung (BArtSchV 1986/1989) werden in einer »Liste der besonders geschützten Pflanzenarten« inzwischen viele der gefährdeten Arten aufgeführt. Leider ergeben sich an manchen Stellen immer noch erhebliche Diskrepanzen zwischen realer Gefährdung und Artenschutz, da die BArtSchV vor allem kommerzielle Belange berücksichtigt.
Im vorliegenden Naturführer sind Gefährdungskategorie und Artenschutz jeweils unter dem Artnamen vermerkt.

Weiterführende Bestimmungsliteratur

Garcke, A.: Illustrierte Flora. 23. Aufl. 1972, Verlag Paul Parey, Berlin und Hamburg.

Hegi, G.: Illustrierte Flora von Mitteleuropa. 3. Aufl. 1979–1995, Verlag Paul Parey, Berlin und Hamburg.

Oberdorfer, E.: Pflanzensoziologische Exkursionsflora für Süddeutschland und die angrenzenden Gebiete. 7. Aufl. 1995, Verlag Eugen Ulmer, Stuttgart.

Polunin, O.: Pflanzen Europas. 3. Aufl. 1977, BLV Verlagsgesellschaft, München.

Rothmaler, W.: Exkursionsflora von Deutschland (in vier Bänden) 1994, Gustav Fischer Verlag, Jena, Stuttgart.

Schauer, T. und Caspari, C.: Der große BLV Pflanzenführer. 6. Aufl. 1993, BLV Verlagsgesellschaft, München.

Schmeil-Fitschen: Flora von Deutschland und seinen angrenzenden Gebieten. 89. Aufl. 1993, Quelle & Meyer, Heidelberg.

Tutin, T. G., Heywood, V. H.: Flora Europaea. Cambridge 1964–1980 (2. Aufl. ab 1993).

Nelkengewächse
Caryophyllaceae

Große Sternmiere
Stellaria holostea

Merkmale: 10–45 cm; Blütezeit IV–VI. Die weißen Blütenkronblätter (10–15 mm lang) sind etwa doppelt so lang wie der nervenlose Kelch und bis zur Mitte gespalten (vgl. Grafik). 3 Griffel. Die Frucht ist eine kugelige Kapsel, die sich mit 6 Klappen öffnet. Tragblätter der Blüten krautig. Sämtliche Blätter sitzend, wintergrün. Stengel 4-kantig. **Standort:** Laubwälder, Gebüsche, Hecken. **Verbreitung:** Ganz Europa, insbesondere im westlichen und mittleren Teil; bis in mittlere Gebirgslagen vordringend.

Der Blütenstand der Großen Sternmiere ist für die Nelkengewächse allgemein typisch: Während die Hauptachse frühzeitig das Wachstum einstellt, setzen jeweils 2 gegenüberliegende Seitenzweige das Wachstum fort und diese werden dann wieder von Seitenzweigen höherer Ordnung »übergipfelt«. Der daraus resultierende regelmäßige Blütenstand wird als Dichasium bezeichnet.

Eine häufige Ruderalpflanze von Hackunkrautgesellschaften (nährstoff- und stickstoffreiche Äcker, Gärten, Weinberge) ist die **Vogelmiere** *(Stellaria media)*. Ihre Blütenkronblätter sind wenig kürzer oder ebenso lang wie der Kelch (vgl. Grafik), die Fruchtstiele abwärts gerichtet. Der meist niederliegende, 1-reihig behaarte Stengel trägt herzeiförmige, kurz gestielte Blätter.

Acker-Hornkraut
Cerastium arvense

Merkmale: 5–30 cm; Blütezeit IV–VIII. Pflanze lockerrasig, nichtblühende Sprosse nur wenig kürzer als die blühenden. Pflanze behaart und drüsig, jedoch nicht weißfilzig. Blätter sehr variabel, länglich-lanzettlich bis linealisch. Hochblätter an der Spitze breit-hautrandig. Blütenkronblätter 11–14 (18) mm lang, nur bis zu einem Viertel eingekerbt, etwa doppelt so lang wie der Kelch (vgl. Grafik). **Standort:** Trockene Wegränder, Wiesen, Bahndämme; Sandtrockenrasen, trocken-warme Ruderalflächen, lückige Pionierrasen; Dünen; kalkhaltige Böden werden bevorzugt; bis in Höhenlagen von 1750 m. **Verbreitung:** Zirkumpolar; fast ganz Europa, nur im äußersten Norden fehlend.

Insektenbestäubung und Ameisenverbreitung sind für Fortpflanzung und Ausbreitung der Art kennzeichnend.

Nelkengewächse
Caryophyllaceae

Taubenkropf-Leimkraut

Silene vulgaris

(Foto oben)

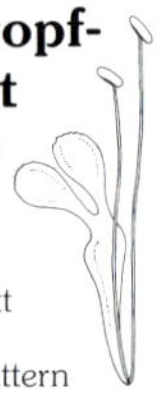

Kronblatt mit Staubblättern

Merkmale: 10–60 cm; Blütezeit V–IX. Blüten weiß, Kelch aufgeblasen, bleich, kahl, 20-nervig. Blätter eiförmig, blaugrün. Kronblätter (Grafik) tief 2-teilig. **Standort:** Magerrasen, Steinschuttfluren, Felsen; Gebüschsäume, Bahndämme, Wegränder; von der Ebene bis in mittlere Gebirgslagen. **Verbreitung:** Ganz Europa, weit verschleppt.

Die Blüten werden insbesondere durch langrüsselige Nachtfalter bestäubt. Die Rüssellänge der Bestäuber verschiedener Pflanzenarten korreliert mit der Länge der Blütenkronröhre der besuchten Art.

Rote Lichtnelke

Silene dioica

Syn.: *Melandrium rubrum*

(Foto unten links)

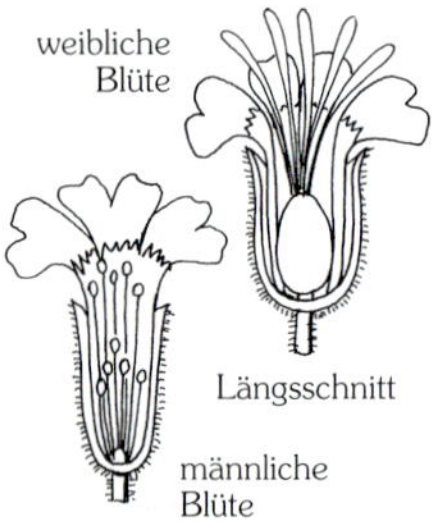

Merkmale: 30–80 cm; Blütezeit IV–IX. Pflanze dicht drüsig behaart, mit roten, eingeschlechtigen, zweihäusigen Blüten (vgl. Grafiken), die nur tagsüber geöffnet sind. Kronblätter tief 2-spaltig, Griffel 5; Kelch bauchig, behaart; Kapsel kugelig, mit 10 nach außen zurückgekrümmten Zähnen. **Standort:** (Feuchte) Wiesen, Laubwälder, Hecken, Kahlschläge; in den Alpen bis in Höhen von 2400 m. **Verbreitung:** Eurasiatisch mit Schwerpunkt in den mittleren und westlichen Bereichen.

Die Rote Lichtnelke hat den Blütentypus einer »Stiel-Teller-Blüte« (flach ausgebreitete Krone; gerade, enge Kronröhre), deren Bestäuber fast ausschließlich Tagfalter sind. Die weißen Blüten der nah verwandten **Weißen Lichtnelke** *(M. album)* öffnen sich erst am Abend und werden von Nachtschmetterlingen aufgesucht.

Kuckucks-Lichtnelke

Lychnis flos-cuculi

(Foto unten rechts)

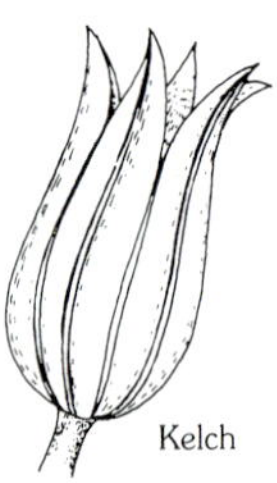

Kelch

Same

Merkmale: 30–90 cm; Blütezeit V–VIII. Verzweigte Pflanze mit fleischroten bis rosafarbenen Blüten, deren Kronblätter bis über die Mitte in 4 Zipfel gespalten sind. Blüten etwa 3 cm im Durchmesser. Der 10-nervige, 6–10 mm lange Kelch (Grafik) ist meist rötlich gefärbt. Fruchtkapsel 6–10 mm (Samen vgl. Grafik). Stengelblätter schmal-lanzettlich, glatt; Grundblätter spatelförmig, oft bewimpert, gestielt. Stengel angedrückt-haarig. **Standort:** Fett-, Sumpf- und Moorwiesen, feuchte Gebüsche; bis in Höhen von 1400 m. **Verbreitung:** In humiden Gebieten Eurasiens.

Die Blütenform entspricht dem Stiel-Teller-Typus (s. o.); die Bestäubung erfolgt hauptsächlich durch Tagfalter. Oft läßt sich an den Stengeln ein speichelartiger Belag feststellen, in dem sich die Larve der Schaumzikade verbirgt. Aus ihren mit Luft vermischten Körperausscheidungen entsteht ein Schaumklümpchen, das Schutz vor Freßfeinden bietet. In früherer Zeit faßte man diese »Schaumnester« als Kuckucksspeichel auf, daher der Name der Pflanze.

Seerosengewächse
Nymphaeaceae

Weiße Seerose

Nymphaea alba

geschützt

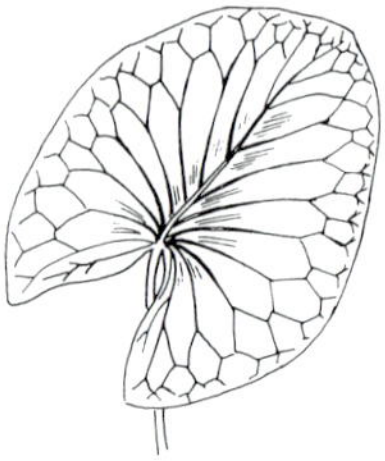

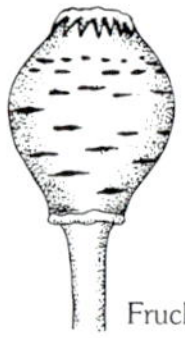

Merkmale: Blütezeit VI–IX. Wasserpflanze mit großen, weißen Büten und Schwimmblättern. Blütenkronblätter gleichlang oder etwas länger als die 4 Kelchblätter; neben 12–20 flachen, gelben Narbenstrahlen liegen zahlreiche freie Fruchtblätter vor, die nach und nach von Blütenachsengewebe umwuchert werden, so daß der Eindruck eines falschen Fruchtknotens entsteht. Die glänzenden, lederartigen, rundlichen Schwimmblätter (15–30 cm) sind durch weit auseinanderstehende basale Lappen gekennzeichnet (s. Grafik). Die Seitennerven verzweigen sich in Randnähe nahezu rechtwinklig und stehen miteinander in Verbindung. **Standort:** Stehende oder sehr langsam fließende Gewässer (Seen, Teiche, Altwässer) bis maximal 3 m Tiefe. **Verbreitung:** Ganz Europa.

Die Bestäubung erfolgt durch Fliegen und Käfer oder durch Selbstbestäubung. Die elastischen, seilartigen Blattstiele ermöglichen ein rasches Einstellen auf Veränderungen des Wasserstandes. Die Schwimmblätter tragen die Spaltöffnungen für den Gasaustausch nur auf der Oberfläche und die dort befindliche Wachsschicht verhindert eine vollständige Benetzung und fördert damit den Gasaustausch. Ein besonderes Durchlüftungsgewebe in den Blattstielen versorgt das im Schlamm waagrecht wachsende, armstarke Rhizom (kriechender Erdsproß) mit Sauerstoff. Der Luftsack an jedem Samen ermöglicht eine Schwimmverbreitung.

Gelbe Teichrose

Nuphar lutea

geschützt

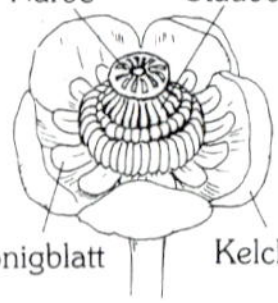

Merkmale: Blütezeit VI–IX. Im Gegensatz zur Weißen Seerose wird hier die Anlockungsfunktion nicht von den Blütenkronblättern, sondern von den 5 gelb gefärbten Kelchblättern übernommen. Die eigentliche Blumenkrone bilden unscheinbare Nektar- oder Honigblätter (s. Grafik). Die 4–6 cm großen Blüten sondern einen intensiven, alkoholartigen Duft ab. Bei den eiförmigen, ganzrandigen, lederartigen Schwimmblättern (Spreite 12–30 cm lang) sind – anders als bei der Seerose – die Seitennerven nicht miteinander verbunden; nach dreifacher Gabelteilung verlaufen sie bis zum Blattrand. **Standort:** Stehende, allenfalls langsam fließende, nährstoffreiche Gewässer bis maximal 4 m Tiefe. **Verbreitung:** Mittleres und nördliches Eurasien.

Teichrose und Seerose sind aufgrund ihres Gehalts an bestimmten Alkaloiden schwach giftig.

Hahnenfußgewächse
Ranunculaceae

Sumpfdotterblume
Caltha palustris

Balgfrüchte

Merkmale: 15–30 cm; Blütezeit III–VI. Mehrjährige, fleischige Pflanze mit 5-blättriger, leuchtend gelber Blütenhülle; Blütendurchmesser 15–45 mm. Als Fruchttyp liegt eine mehrsamige Balgfrucht vor, die nur aus einem Fruchtblatt besteht und sich an der Bauchnaht öffnet (vgl. Grafik). Stengel beblättert, mit wechselständigen, herzförmigen bis kreisrunden, gekerbten, kahlen Blättern. **Standort:** Sumpfwiesen, Moore, Bäche, Gräben; Bruch-, Auenwälder. **Verbreitung:** Zirkumpolar: Nordamerika, Nord-/Mitteleuropa, Nordasien.

Die Blüten der Sumpfdotterblume werden von Insekten bestäubt, die sowohl durch die sattgelbe Färbung der Blütenhülle, als auch durch spezielle Saftmale angelockt werden. Die Saftmale dienen als eine Art Wegweiser zum Nektar: es handelt sich dabei meist um besondere Blütenzeichnungen und Farbflecke. Bei der Sumpfdotterblume sind diese Saftmale nur für Ultraviolett-empfindliche Insektenaugen erkennbar, dem Menschen erscheinen die Blüten einheitlich gelb.

Busch-Windröschen
Anemone nemorosa

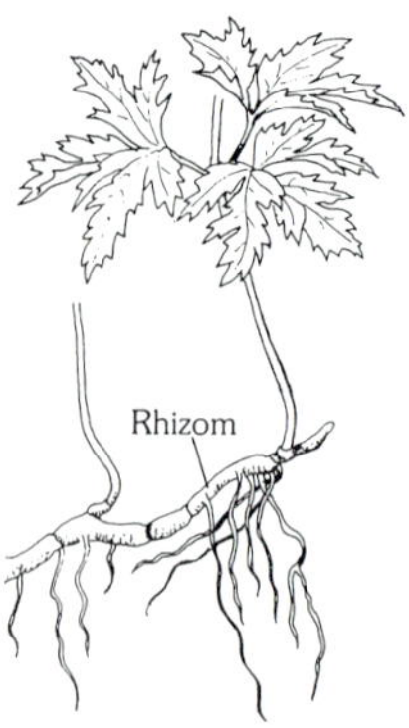

Fruchtstand

Merkmale: 15–20 cm; Blütezeit III–IV. Mehrjährige, meist einblütige Pflanze, weißblühend; häufig sind die 6–8 Kronblätter rötlich überlaufen. Zahlreiche gelbe Staubblätter. Fruchtstände herabhängend (vgl. Grafik), Fruchtblätter behaart. Bei den 3 Stengelblättern handelt es sich um handförmig geteilte Hochblätter; die Grundblätter sind ungleich gesägt bis geteilt. **Standort:** Laub- und Nadelwälder, Gebüsche, Bergwiesen; bis 1900 m. **Verbreitung:** Eurasiatisch, Hauptvorkommen aber in den west- und mitteleuropäischen Laubwaldgebieten.

Das Busch-Windröschen gehört zu den ersten Frühjahrsblühern. Damit nützt es die relativ günstige Lichtperiode vor dem Laubaustrieb der Gehölze; später sind die Lichtverhältnisse im Bereich der Krautschicht von Laubwäldern zu ungünstig. Der gesamte Lebenszyklus findet daher im (Vor-)Frühling statt. Die Blüten werden von Insekten bestäubt, die sich von den im Überschuß produzierten Pollen ernähren (»Pollenblumen«). Die kleinen Nußfrüchte tragen ein Anhängsel (Elaiosom), das charakteristische Lock- und Nährstoffe enthält und den Ameisen als Nahrung dient. Diese sorgen damit für eine effektive Verbreitung der Früchte.

Hahnenfußgewächse
Ranunculaceae

Scharfer Hahnenfuß

Ranunculus acris

Grundblatt

Blüte, Längsschnitt

Merkmale: 30–100 cm; Blütezeit IV–X. Diese Art unterscheidet sich vom Kriechenden Hahnenfuß durch nicht gefurchte, glatte Blütenstiele sowie fehlende Ausläufer. Blüten in lockeren Rispen, leuchtend gelb; Blütendurchmesser 10–25 mm. Kelchblätter gelblich, anliegend behaart. Stengel und Blattstiele höchstens angedrückt behaart. Grundblätter (Grafik) tief 5- bis 7-teilig, lang gestielt; Stengelblätter 3- bis 5-teilig, eingeschnitten gezähnt. **Standort:** Bis in Höhen von 2400 m auf Wiesen, Weiden, an Wegrändern, in Gebüschen; feuchte, stickstoffhaltige Lehmböden werden bevorzugt. **Verbreitung:** Fast ganz Europa; Asien, Afrika, Nordamerika.

Die Pflanzen enthalten den scharf schmeckenden (Name!) Giftstoff Anemonin und werden deshalb von Rindern gemieden. Beim Trocknen verliert der Giftstoff seine Wirkung, so daß die Pflanzen im Heu unschädlich sind.

Kriechender Hahnenfuß

Ranunculus repens

(Foto oben rechts)

Grundblatt

Merkmale: 10–15 cm, Blütezeit V–IX. Blüten 2–3 cm groß, goldgelb, glänzend, einzeln aus den Blattachseln entspringend. Kelchblätter aufrecht und den Blütenblättern anliegend. Fruchtschnabel kurz und gerade. Grundblätter (Grafik) 3-teilig mit deutlich gestieltem Mittelabschnitt, alle Abschnitte 3-spaltig, gezähnt. Ein wesentliches Bestimmungsmerkmal stellen die an den Knoten wurzelnden oberirdischen Ausläufer dar. **Standort:** An feuchten Stellen in Wiesen, Auenwäldern, Gärten; an Wegen, Gräben und Ufern; im Gebirge bis 2400 m. **Verbreitung:** Europa, Asien, Nordafrika, Nordamerika.

Die Art gehört zu den Zeigerpflanzen für Stickstoff.

Scharbockskraut

Ranunculus ficaria
Syn.: *Ficaria verna*

(Foto unten)

Brutknospe

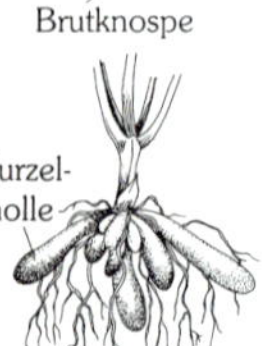

Wurzelknolle

Merkmale: 5–20 cm; Blütezeit III–V. 8–12 blumenblattartige, glänzend gelbe Honigblätter (15 -40 mm im Durchmesser), meist 3 äußere Blütenhüllblätter. Blätter ungeteilt, nierenförmig bis rundlich-herzförmig, glänzend; Stengel niederliegend. Pflanze rasenbildend, mehrjährig. **Standort:** Auenwälder, Laubmischwälder, Gärten, Parkanlagen an feuchten Stellen; Gräben; tiefgründige, stickstoffhaltige, grundwasserdurchzogene Böden werden bevorzugt. **Verbreitung:** Ganz Europa mit Massenverbreitung im Westen.

In den Achseln der Laubblätter befinden sich Brutknospen, die mit Reservestoffen angereichert sind (vgl. Grafik). Sie fallen nach einiger Zeit ab und wachsen zu neuen Pflänzchen aus. Zudem werden Wurzelknollen an der Sproßbasis gebildet (vgl. Grafik). Die Blätter enthalten reichlich Vitamin C (vgl. »Scharbock« = Skorbut), zur Blütezeit und später aber auch das giftige Protoanemonin.

Hahnenfußgewächse
Ranunculaceae

Leberblümchen

Hepatica nobilis
Syn.: *Anemone hepatica*

geschützt

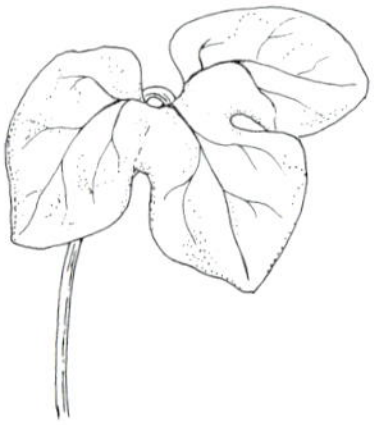

Merkmale: 8–15 cm; Blütezeit III–IV. Blüten blauviolett, selten rosa oder weiß, lang gestielt, 15–30 mm im Durchmesser, 6–9 Kronblätter. Kelchartige Hülle aus 3 eiförmigen, grünen Hochblättern. Blätter (Grafik) lang gestielt, 3-lappig, an die Lappen einer Leber erinnernd (Name!), nach der Blüte erscheinend; unterseits oft purpurn. Stengel behaart. **Standort:** Lichte Wälder (Buchen, Eichen), Gebüsch; insbesondere auf Kalk; bis in Höhen von 1500 m. **Verbreitung:** Stark disjunktes (vgl. S. 40) Vorkommen in den Laubwaldregionen der nördlichen Hemisphäre: Ostasien, Europa und Nordamerika (verschiedene geographische Rassen).

Das Leberblümchen gehört zu den ersten Frühjahrsblühern. Während der etwa einwöchigen Blütezeit wachsen die Blütenblätter auf das Doppelte ihrer ursprünglichen Länge. Die Samen werden wegen ihres nährstoffreichen Anhängsels (Elaiosom) von Ameisen aufgesucht und so verbreitet.

Gewöhnliche Kuhschelle, Küchenschelle

Pulsatilla vulgaris

gefährdet, geschützt

Grundblatt

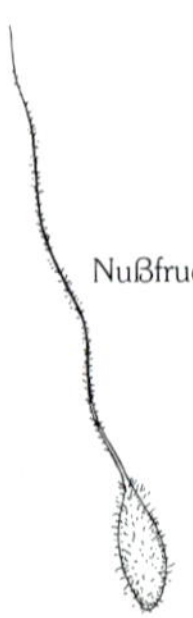

Nußfrucht

Merkmale: 5–10 (zur Fruchtzeit bis 40) cm; Blüten III–V. Die Kuh- oder Kü(h)chenschellen zählen zu unseren seltensten Frühjahrsblühern. Gelegentlich findet man noch die nachfolgend beschriebene Art, eine mehrjährige, vollkommen seidenhaarige Pflanze mit 55–80 mm langen, violetten Blüten. Die 6 Blütenhüllblätter sind nicht in Kelch und Krone differenziert, sondern gleichförmig als sogenanntes Perigon ausgebildet; die Staubblätter erreichen höchstens die halbe Länge der Perigonblätter. Bei den Blättern muß zwischen den 3 in schmale Abschnitte zerteilten Hochblättern, die eine Art Hülle bilden, und den Grundblättern (vgl. Grafik) unterschieden werden. Letztere erscheinen im allgemeinen erst nach der Blüte; sie sind 2- bis 3-fach gefiedert. Zur Fruchtzeit verlängert sich der Blütenstengel beträchtlich (s. o.), ebenso die Griffel, die zudem zottige Haare ausbilden. **Standort:** Sonnige Hänge, Wiesen, Heiden, trockene Wälder, steinige Magerrasen; auf Kalk! **Verbreitung:** West- und Mitteleuropa.

Die Gewöhnliche Kuhschelle wird von Bienen und Hummeln bestäubt. Die Verbreitung der Früchte erfolgt durch den Wind; gemäß den oben beschriebenen Einrichtungen kann man von »Haarfliegern« sprechen. Die Pflanze enthält Giftstoffe (Anemonin).

Hahnenfußgewächse
Ranunculaceae

Sommer-Adonisröschen

Adonis aestivalis

gefährdet

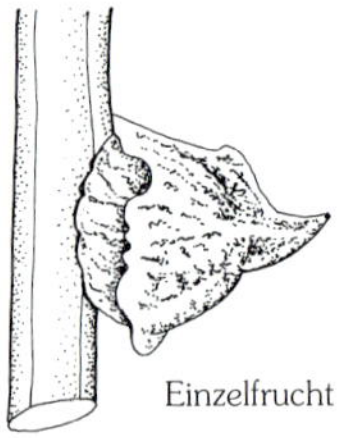

Einzelfrucht

Merkmale: 20–60 cm; Blütezeit V–VII. Einjährige Pflanze mit einzelnen, lang gestielten Blüten. Kelchblätter kahl, der Blütenkrone anliegend. Kronblätter scharlach- bis mennigrot, seltener zitronengelb (= var. *citrinus*), am Grund mit schwarzem Fleck. Früchte dicht stehend; jedes Nüßchen mit einer Längskante, die am oberen Rand in 1, vorn in 2 Zähne ausläuft; runzelig, kahl (vgl. Grafik). Fruchtschnabel gerade, aufrecht, rein grün. Blätter 2- bis 3-fach gefiedert. Stengel höchstens im oberen Drittel verzweigt. **Standort:** Lehmig-tonige Äcker, Getreidefelder; kalkliebend; von der Ebene bis in mittlere Gebirgslagen. **Verbreitung:** Europa ohne die nördlichsten Bereiche; Westasien.
Die Blüten produzieren zur Beköstigung der bestäubenden Insekten reichlich Pollen (»Pollenblume«!); auch Selbstbestäubung ist möglich. Die Pflanze ist schwach giftig (*Digitalis*-Glykoside).

Gewöhnliche Akelei

Aquilegia vulgaris

geschützt

Honigblatt

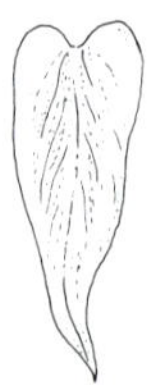

Blütenhüllblatt

Merkmale: 30–80 cm; Blütezeit V–VII. Weithin bekannte Pflanze mit blauvioletten, manchmal rötlichen oder selten weißen, lang gestielten Blüten. Im Rahmen der großen Variabilität, die bei der Ausbildung der verschiedenen Blütenteile bei den Hahnenfußgewächsen zu beobachten ist, treten hier blumenblattartig entwickelte Honigblätter auf, deren 5 Sporne bogig verlaufen und an der Spitze hakenförmig gekrümmt sind (Sporn 15–22 mm lang; vgl. Grafik). Staubblätter nur wenig aus der Blüte herausragend. Balgfrüchte (vgl. S. 22). Oberste Blätter 3-lappig, sitzend; untere doppelt 3-teilig gefiedert, lang gestielt; Teilblättchen 3-lappig, gekerbt. **Standort:** Lichte Laubwälder, Waldränder, Gebüsche, steinige Hänge; auch Wiesen; bevorzugt Kalkböden; noch in Höhen von 2000 m anzutreffen. **Verbreitung:** Außer Südosteuropa im gesamten europäischen Raum; in Skandinavien wohl nur eingebürgert.
Im Bereich der Blüte läßt sich durch die besondere Ausgestaltung der Nektarblätter eine deutliche Anpassung an die bestäubenden Insekten erkennen. Meist wird der Pollen von Hummeln, gelegentlich von Bienen übertragen. Hautflügler mit zu kurzem Rüssel betreiben »Honigraub«: Sie beißen den Sporn von außen an, um an den Nektar zu gelangen.
Die **Dunkle Akelei** *(A. atrata)* ist durch kleinere, meist braunpurpurne Blüten gekennzeichnet. Die Staubblätter ragen deutlich aus der Blüte heraus.

Mohngewächse
Papaveraceae

Klatsch-Mohn

Papaver rhoeas

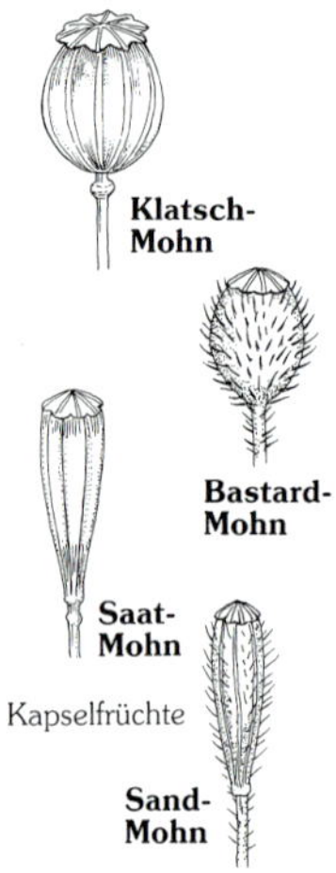

Merkmale: 20–80 cm; Blütezeit V–VIII. Scharlachrote Blüten mit 2–4 cm langen Kronblättern (häufig mit schwarzem Fleck an der Basis). Das wichtigste Erkennungsmerkmal der Mohn-Arten ist die Frucht (vgl. Grafik), eine Kapsel (Streufrucht), aus mehreren Fruchtblättern verwachsen; beim Klatsch-Mohn ist sie kugelig-eiförmig, weniger als doppelt so lang wie breit und an der Basis abgerundet. 8–18 Narbenstrahlen; Blütenstiel, Blätter und Stengel meist abstehend-borstig behaart. Blätter stark geteilt mit schmalen, grob gesägten Abschnitten. **Standort:** (Getreide-) Äcker, Ödland, Schuttplätze, Bahndämme; bis 1000 m. **Verbreitung:** Eurasiatisch, aber weltweit verschleppt.

Der Klatsch-Mohn galt früher als bedeutsame Heilpflanze. Die Kronblätter wurden außerdem zur Herstellung roter Tinte verwendet. Die Art zählt zu den ältesten Kulturbegleitern (seit der Jungsteinzeit). Blütenökologisch bemerkenswert ist folgender Sachverhalt: Der Klatsch-Mohn gehört zu den sogenannten Pollenblumen, die keinen Nektar, dafür allerdings Pollen im Überschuß produzieren. Der Pollen, reich an Eiweiß, Fett, Kohlenhydraten und Vitaminen, ist Lock- und Nahrungsmittel für Insekten mit beißenden Mundwerkzeugen. Die Verbreitung der Samen erfolgt durch den Wind nach einer Art »Streudosenprinzip«.

Großes Schöllkraut

Chelidonium majus

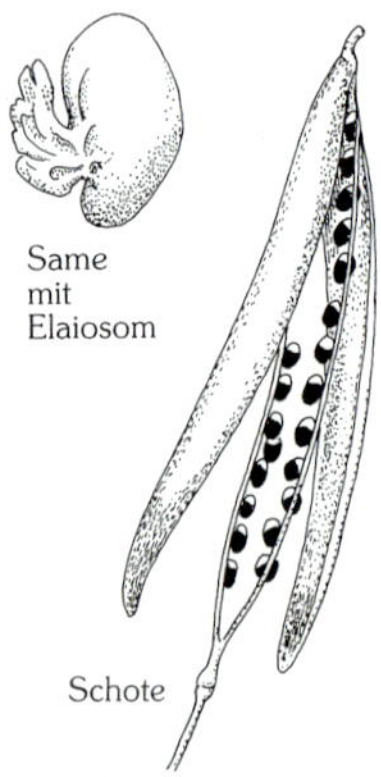

Merkmale: 30–70 cm; Blütezeit V–IX. Mehrjährige Ruderalpflanze mit etwa 20 mm großen, goldgelben Blüten, die zu 2–6 in endständigen Dolden stehen. 4 Kronblätter, verkehrt-eiförmig; Kelchblätter gelblich, behaart; zahlreiche Staubblätter. Frucht langgestreckt (bis 5 cm), kahl; Samen schwarz, mit weißem Anhängsel (Elaiosom; s. Grafik). Blätter gefiedert, mit ungleich doppelt gekerbt-gelappten Fiedern; unterseits blau-grün. Ganze Pflanze mit orangegelbem Milchsaft. **Standort:** Unkrautfluren: Wege, Mauern, Zäune, Gebüsch, Waldränder, Hecken, verwilderte Parks; bis in Höhen von etwa 900 m auftretend. **Verbreitung:** Nahezu ganz Europa.

Das Schöllkraut ist ein alter Kulturbegleiter und Siedlungszeiger, außerdem Zeigerpflanze für Stickstoff. Neben der Insektenbestäubung spielt vor allem die Samenverbreitung durch Ameisen eine große Rolle, denen das Elaiosom als Nahrungsquelle dient. Der giftige Milchsaft wurde früher als Mittel gegen Hühneraugen und Warzen verwendet.

Kreuzblütengewächse
Brassicaceae

Hirtentäschelkraut
Capsella bursa-pastoris

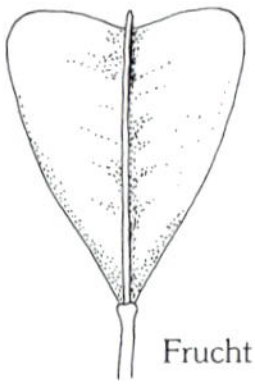
Frucht

Merkmale: 10–50 cm; Blütezeit II–XI. Äußerst variable, meist einjährige Pflanze mit kleinen weißen Blüten in lockerer Blütentraube mit endständiger Scheindolde. Blütenkronblätter ungeteilt, 23 mm lang, doppelt so lang wie der Kelch. Bei der charakteristischen dreieckig-verkehrtherzförmigen Frucht (vgl. Grafik) handelt es sich um ein Schötchen, das 6–9 mm lang und vielsamig ist. Während die oberen Blätter meist nicht gefiedert, jedoch mit pfeilförmigem Grund stengelumfassend sind, erscheinen die Rosettenblätter normalerweise tief fiederteilig. **Standort:** Typische Ruderalpflanze: Äcker, Gärten, Schuttplätze und Wegränder; in den Alpen bis über 2100 m. **Verbreitung:** Nahezu weltweit (kosmopolitisch).
Das Hirtentäschelkraut ist ein Kulturbegleiter. Die Selbstbestäubung (neben Insektenbestäubung) und die große Samenproduktion deuten den Pionierpflanzencharakter an, der vor allem bei einjährigen Unkräutern immer wieder auftritt. Für diese Pionierpflanzen ist es von großem Vorteil, an kurzfristig verfügbaren Standorten rasch große Populationen aufbauen zu können. Die Art ist seit der Antike (als Heilpflanze) bekannt. Zahlreiche Inhaltstoffe (u. a. Cholin und Acetylcholin) beeinflussen das vegetative Nervensystem, wirken blutdruckerhöhend bzw. blutstillend.

Acker-Hellerkraut
Thlaspi arvense

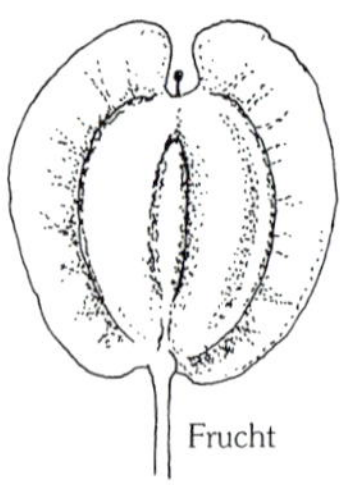
Frucht

Merkmale: 10–40 cm; Blütezeit IV–X. Einjährige Pflanze mit weißen Blüten in endständigen Trauben. Die am Grund pfeilförmigen Stengelblätter umfassen den kahlen, kantigen Stengel; die Grundblätter sind verkehrt-eiförmig und gestielt. Als Fruchttyp liegt aufgrund der Proportionen ein Schötchen vor. Dieses ist flach, fast kreisförmig (bis 15 mm) und breit geflügelt (vgl. Grafik, s. u.). **Standort:** Unkrautfluren, Äcker, Getreidefelder, Schuttplätze; bis in Höhenlagen von 1300 m. **Verbreitung:** Fast ganz Europa, große Teile Asiens; weit verschleppt!
Das Acker-Hellerkraut ist seit der jüngeren Steinzeit ein typischer Kulturbegleiter. Neben Insektenbestäubung tritt wie bei vielen einjährigen Pflanzen Selbstbestäubung auf. Besonders interessant ist die Samenverbreitung dieser Art, die diesbezüglich zu den genannten Regenballisten gehört: Die an federnden Stielen sitzenden, wie Turbinenschaufeln geformten Früchte setzen die Kraft auftreffender Regentropfen in eine Schleuderbewegung um, die die Samen aus dem Schötchen wirft.

Kreuzblütengewächse
Brassicaceae

Acker-Senf
Sinapis arvensis

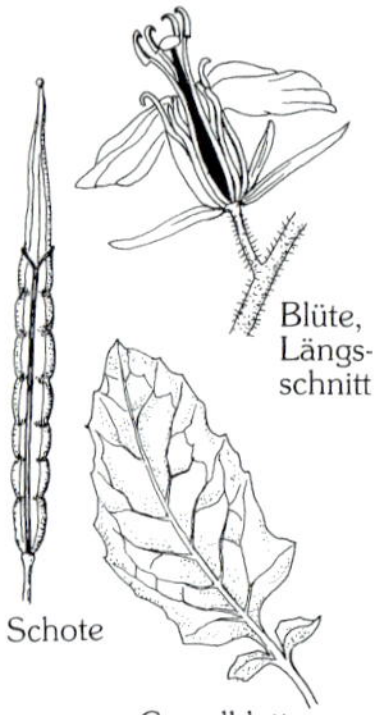

Merkmale: 20–60 cm; Blütezeit V–IX. Einjährige Pflanze mit schwefelgelben Blüten (9–12 (15) mm); Kelchblätter waagrecht abstehend (vgl. Grafik). Die Frucht ist eine Schote (mehr als 3-mal so lang wie breit) mit geradem, kegeligem Schnabel und meist kahl (Grafik). Obere Stengelblätter sitzend, mehr oder weniger ungeteilt; die unteren gestielt, tief fiederteilig, mit großem Endlappen (vgl. Grafik). Stengel rauhhaarig. **Standort:** Schuttplätze, Wege, Äcker, Brachstellen; auf kalkhaltigen, nährstoffreichen Lehmböden; bis in Höhen von 1000 m. **Verbreitung:** Die Art stammt wahrscheinlich aus dem Mittelmeerraum, ist jedoch überall in Europa eingebürgert; im Norden wird sie seltener. In gemäßigten Zonen ist sie bereits weltweit anzutreffen.

Der Acker-Senf meidet saure Böden und ist daher eine Zeigerpflanze für basische Böden. Aus dem Acker»unkraut« kann nur ein minderwertiger Senf hergestellt werden (oft für Mischungen!). Dagegen werden die ölhaltigen Samen des Weißen Senfs *(Sinapis alba)* zur Senfherstellung verwendet. Dessen Gebrauch war bereits im Altertum (Griechenland) bekannt. Die Senföle wirken stark hautreizend.

Hederich
Raphanus raphanistrum

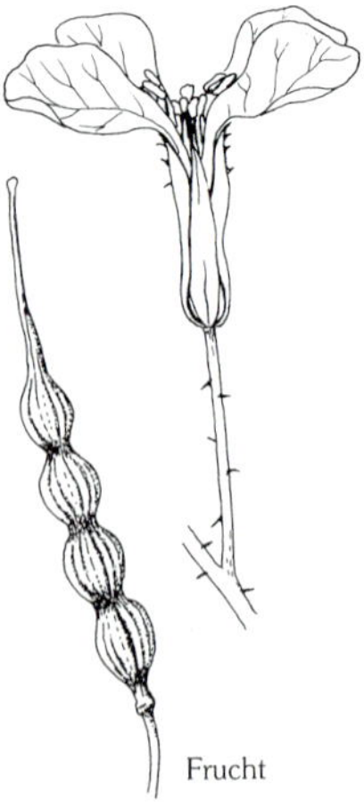

Merkmale: 20–60 cm; Blütezeit V–IX. Kennzeichnend sind die langen (2–10 cm × 15–50 mm), perlschnurartig eingeschnürten Schoten (s. Grafik), die bei der Reife in 1-samige Glieder zerfallen. Blütenkronblätter weiß, violett geadert; seltener hellgelb (sandige Standorte im nördlichen und östlichen Europa). Kelchblätter aufrecht (vgl. Grafik; im Gegensatz zum Acker-Senf!). Obere Stengelblätter ungeteilt, untere beiderseits mit 1–4 schmalen Fiederlappen und großer Endfieder. Ganze Pflanze rauhhaarig. **Standort:** Unkrautgesellschaften in Getreideäckern, auf Schuttplätzen; Kulturland, Sandböden; bis 1300 m. **Verbreitung:** Die Art stammt ursprünglich aus dem Mittelmeergebiet, ist heute jedoch in gemäßigten Zonen weltweit verbreitet.

Der Hederich gehört seit der jüngeren Steinzeit zu den Kulturbegleitern – vor allem in Roggenfeldern. Er zählt zu den am weitesten verbreiteten Acker»unkräutern« und findet als Bienenweide und Salatpflanze praktische Verwendung.

Zur unmittelbaren Verwandtschaft gehört der **Garten-Rettich** *(R. sativus)* mit nicht perlschnurartig gegliederten Schoten, der als Gemüsepflanze (Rettich, Radieschen) in zahlreichen Varietäten kultiviert wird.

Kreuzblütengewächse
Brassicaceae

Wiesen-Schaumkraut
Cardamine pratensis

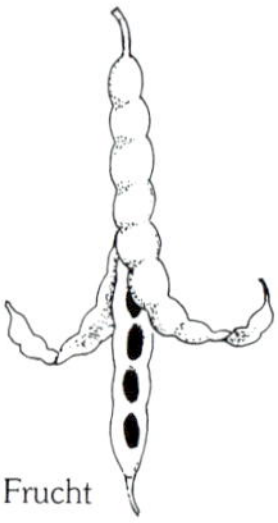

Frucht

Grundblätter

Merkmale: 15–50 cm; Blütezeit IV–VII. Mehrjährige Wiesenpflanze mit weißen, oft auch rosaroten oder violetten Blüten, die in dichter Traube stehen. Kronblätter etwa 3-mal so lang wie die Kelchblätter. Staubblätter gelb. Als Fruchttyp liegt eine geschnäbelte Schote vor (s. Grafik). Blätter gefiedert, obere mit lanzettlichen, untere mit eiförmigen Fiedern. Die rosettig angeordneten Grundblätter (vgl. Grafik) sind 3- bis 11-zählig gefiedert, die Endfieder ist deutlich größer. Stengel hohl, rund. **Standort:** Feuchte Wiesen, Moorwiesen, Auenwälder, Ufer; in den Alpen bis in Höhenlagen von über 1700 m anzutreffen. **Verbreitung:** Zirkumpolares Vorkommen; Massenverbreitung im nördlichen und mittleren eurasiatischen Raum.

Das Wiesen-Schaumkraut bildet häufig einen Frühjahrsaspekt der Wiesen. Allgemein wird das mit der Jahreszeit wechselnde Aussehen einer Pflanzengemeinschaft als deren Aspekt bezeichnet. Die Aspektfolge einer typischen Glatthaferwiese – sie äußert sich durch aufeinanderfolgende Farb»wellen« – wird beispielsweise im Zeitraum von März bis August durch folgende Pflanzenarten bestimmt: Wiesen-Schaumkraut, Gänseblümchen *(Bellis perennis)*, Löwenzahn *(Taraxacum officinale)*, Scharfer Hahnenfuß *(Ranunculus acris)*, Wiesenbocksbart *(Tragopogon pratensis)*, Wiesen-Wucherblume *(Chrysanthemum leucanthemum)*, Wiesen-Kerbel *(Anthriscus sylvestris)*, Wiesen-Pippau *(Crepis biennis)*, Wiesen-Storchschnabel *(Geranium pratense)* und Bärenklau *(Heracleum sphondylium)*. Das Wiesen-Schaumkraut gilt als Nährstoffzeiger. Die Blüten werden von Insekten bestäubt; ein Schleudermechanismus dient der Samenverbreitung.

Knoblauchsrauke
Alliaria petiolata

Blüte

Frucht (Schote)

Merkmale: 25–100 cm; Blütezeit IV–VI. Aufrechte, kahle Pflanze, die zerrieben stark nach Knoblauch riecht (Name!), vor allem die rundlich-herzförmigen, gekerbt-gezähnten Blätter. Die endständige Blütentraube trägt weiße, 6 mm lange Blüten, die Kronblätter sind doppelt so lang wie die Kelchblätter (vgl. Grafik). Als Frucht tritt eine vierkantige, 3,5–7 cm lange Schote auf (Grafik). Stengel kantig. **Standort:** Mauern, Hecken, Zäune, verwilderte Gärten und Parks, Waldränder, Unkrautfluren; bis 1000 m, in den Alpen fehlend. **Verbreitung:** Vor allem in den mittleren und westlichen Teilen Eurasiens.

Die Knoblauchsrauke wurde früher als Salatpflanze sowie medizinisch (enthält Senföle) verwendet. Neben Insektenbestäubung kommt Selbstbestäubung vor.

Rosengewächse
Rosaceae

Kriechendes Fingerkraut

Potentilla reptans

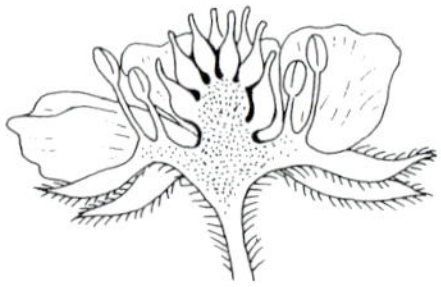

Blüte,
Längsschnitt

Merkmale: 30–90 cm; Blütezeit V–VIII. Charakteristisch ist der lange, ausläuferartig kriechende und an den Knoten wurzelnde Stengel (Name!). Blätter alle lang gestielt, meist 5-zählig, handförmig geteilt, grob gesägt. In den Blattachseln einzeln stehende, gelbe Blüten mit 5 Blütenblättern von 8–12 mm Länge. **Standort:** Hecken, Wiesen, Äcker, Wege, Gräben, Ufer; nur bis 900 m. **Verbreitung:** Ganz Europa, in gemäßigten Zonen heute weltweit.

Stickstoffzeigerpflanze. Aufgrund der ausläuferartigen Stengel können freie Standorte rasch besiedelt werden (Kriechpionier). Die Blüten werden von Insekten bestäubt, die Früchte durch Säugetiere und Ameisen verbreitet. Früher galt die Art als Heilpflanze.

Der Blütenbau der Fingerkräuter (Gattung *Potentilla*) ähnelt noch in vielen Merkmalen dem der Hahnenfußgewächse. Doch sind die Blütenteile, selbst die zahlreichen Staubblätter, bei den Rosengewächsen nicht schraubig sondern wirtelig (= in Kreisen) angeordnet. Die Gattung *Potentilla* besitzt neben 5 grünen Kelchblättern noch einen 5-blättrigen Außenkelch (vgl. Grafik beim Gänse-Fingerkraut). Aus jedem der Fruchtblätter (vgl. Grafik) entsteht wie bei der Gattung *Ranunculus* (Hahnenfuß) ein Nüßchen.

Gänse-Fingerkraut

Potentila anserina

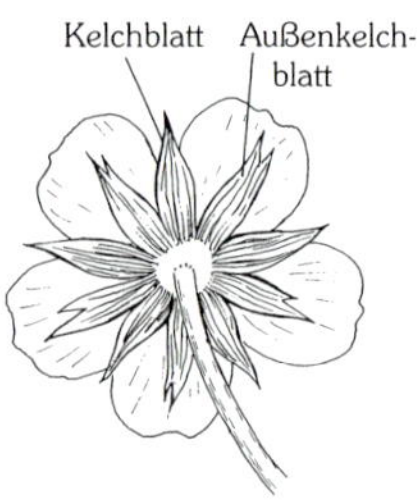

Merkmale: 10–50 cm; Blütezeit V–VIII. Mehrjährige Pflanze mit langen, rötlichen, oberirdischen Ausläufern und nichtblühenden Laubsprossen. Blüten einzeln, gelb, 18–25 mm, lang gestielt; Blütenkronblätter doppelt so lang wie der Kelch. Blätter bis 25 cm lang, unterbrochen gefiedert, mit 10–20 seidig-behaarten, tief gesägten, oberseits grünen, unterseits silberweißen Fiederblättchen. **Standort:** Pionierrasen, Gänseanger, Bahndämme, Schuttplätze, Wegränder, Straßengräben, Ufer; bis in Höhen von 900 m. **Verbreitung:** Ganz Europa bis auf die südöstlichsten Gebiete; in gemäßigten Zonen weltweit.

Das Gänse-Fingerkraut gilt als stickstoff- und Feuchtezeiger. Die Art ist wärmeliebend und vermag relativ hohe Salzkonzentrationen zu ertragen. Früher wurde sie als Heilpflanze verwendet.

Rosengewächse
Rosaceae

Wald-Erdbeere

Fragaria vesca

(Foto oben)

Merkmale: 5–25 cm Blütezeit IV–VI. Mehrjährige Pflanze mit oberirdischen, an den Knoten wurzelnden, langen Ausläufern, die der vegetativen Vermehrung dienen; am Ende der Ausläufer häufig Jungpflanzen. Blüten weiß, 15 mm, an blattlosen, angedrückt behaarten Stielen. Blätter 3-zählig, nur unterseits seidenhaarig, oberseits zerstreut behaart. Die Sammelfrucht besteht aus zahlreichen Nüßchen, die an der fleischig gewordenen Blütenachse stehen (Grafik). **Standort:** Waldlichtungen, Kahlschläge, Gebüsche, Hecken. **Verbreitung:** Disjunktes Areal, d.h. die Art kommt in verschiedenen Gebieten vor, zwischen denen unter den heutigen Bedingungen genetischer Austausch unmöglich erscheint. Diese Teilareale liegen in Europa, Asien, Nordamerika.

Bach-Nelkenwurz

Geum rivale

(Foto unten links)

Frucht

Merkmale: 20–60 mm; Blütezeit IV–VII. Blüten nickend, Kronblätter außen rötlich, innen gelb, Kelch braunrot, mit Außenkelch. Mehr als 10 Staubblätter, Griffel 2-gliedrig. Grundblätter lang gestielt, unterbrochen gefiedert, mit großer Endfieder; obere Blätter einfach oder gelappt; Nebenblätter klein. Stengel oft mehrblütig, oben drüsenhaarig. Frucht mit hakigen Griffeln (s. Grafik). **Standort:** Naß- und Moorwiesen, an Gräben und Bächen; Auenwälder, Hochstaudenfluren; in den Alpen bis 2000 m. **Verbreitung:** Zirkumpolar, insbesondere fast ganz Europa.
Bemerkenswert ist die Verbreitung der Teilfrüchte: Die Griffel bleiben als Widerhaken an den Früchten erhalten und sorgen für eine Klettverbreitung.

Echtes Mädesüß

Filipendula ulmaria

(Foto unten rechts)

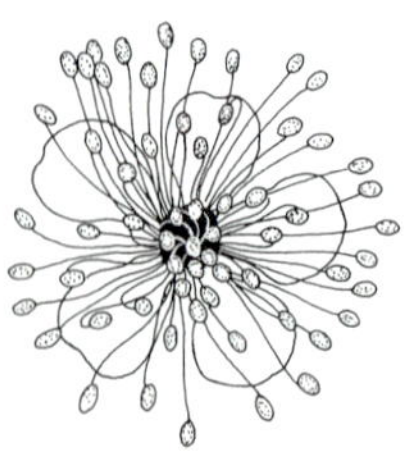

Einzelblüte

Merkmale: 50–150 cm; Blütezeit VI–VIII. Blätter unterbrochen einfach gefiedert; Fiederblättchen 3–5 cm lang, eiförmig, doppelt gesägt, 2- bis 5-paarig, das endständige ist größer und meist 3- bis 5-spaltig. Stengel kantig, aufrecht. Blüten (Grafik) gelblichweiß, in vielstrahligen Schirmrispen, stark duftend; Kronblätter 2–5 mm lang. **Standort:** Naß- und Moorwiesen (Flachmoore!), Verlandungsbestände an Ufern, Gräben; Auenwälder; Hochstaudenfluren. **Verbreitung:** Nordisch-eurasiatisch: fast ganz Europa, bis Sibirien.
Die Art enthält reichlich Salicylsäure und gilt als alte Heilpflanze (Gelenkrheumatismus, Arthritis; Harnwegerkrankungen). Der deutsche Name leitet sich vom althochdeutschen Begriff »met« ab, einem alkoholischen Getränk der Germanen.

Rosengewächse
Rosaceae

Himbeere
Rubus idaeus

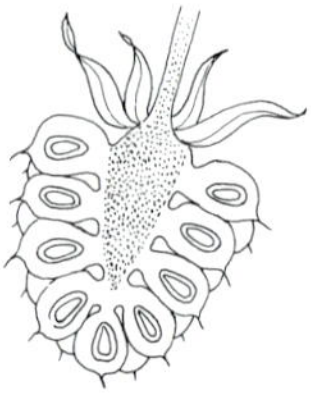

Sammelsteinfrucht, Längsschnitt

Merkmale: 50–120 cm; Blütezeit V–VII. Sproßachsen 2-jährig, aufrecht-überhängend, feinstachelig. 3- bis 7-zählig gefiedert, unterseits weißfilzig, oberseits hellgrün. Blütenstand rispig, nickend; Kronblätter schmal-eiförmig, weiß. Kelchblätter nach der Blütezeit zurückgebogen. Sammelfrucht rot, mit flaumig-behaarten, kleinen Steinfrüchten (vgl. Grafik); sich zur Reife von den am Stiel verbleibenden Blütenboden kappenartig lösend. **Standort:** Waldschläge, Gebüsche, gestörte, verlichtete Laubwälder, an Waldwegen und Ruderalstellen (z. T.); auch Nadelholzforste. **Verbreitung:** Nordisch-eurasiatisch, zirkumpolar; ganz Europa, im Süden nur in Gebirgen.

Mindestens seit Beginn der jüngeren Steinzeit wird die Himbeere als Beerenobst genutzt, die Bereitung von Himbeersirup ist schon aus der Römerzeit bekannt. Die Früchte enthalten Vitamin C, Zitronensäure, Zucker und Pektine; aus den Blättern kann ein Heiltee (adstringierend) bereitet werden. Die Blüten spielen als Bienenweide eine Rolle (neben Insekten- kommt jedoch auch Selbstbestäubung vor); die Früchte werden durch Tiere, vor allem Vögel verbreitet. Die rasche Ausbreitung der Art wird durch Kriechwurzeln und Wurzelbrut begünstigt. Auf diese Weise können z. B. Kahlschläge innerhalb kurzer Zeit besiedelt werden.

Brombeere
Rubus fruticosus

Merkmale: 0,8–2,5 m; Blütezeit VI–VIII. Außerordentlich formenreiche (Sammel-)Art mit stark stacheligen, meist bogig überhängenden, manchmal auch aufsteigenden oder kriechenden, verholzenden Stengeln. Blätter handförmig, (3-)5 (7)-zählig, wechselständig. Fiederblätter eiförmig, gezähnt. Blattstiele und Mittelnerven stachelig. Blütenstände traubig, seitenständig an vorjährigen Trieben. Blüten weiß oder rosa. Sammelsteinfrüchte schwarz-glänzend, mit dem Blütenboden abfallend. **Standort:** Wald- und Ackerränder, Hecken, Kahlschläge, Heiden; auf basenreichen, kalkarmen, mäßig sauren Lehmböden. **Verbreitung:** Ganz Europa, vorzugsweise in humiden, wintermilden Klimalagen.

Die Brombeere zählt zu den ältesten Heilpflanzen: Die Blätter werden als Tee (Gerbstoffe, organische Säuren), die Früchte als »Beeren«obst (Marmelade, Saft, Wein) genutzt; sie enthalten reichlich Vitamin C.

Schmetterlingsblütengewächse
Fabaceae

Gewöhnlicher Hornklee
Lotus corniculatus

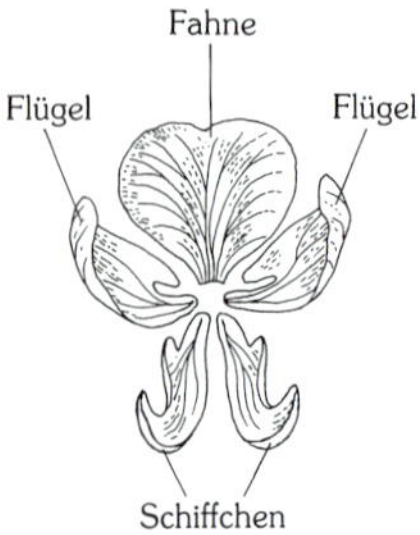

Blütenkronenblätter der Schmetterlingsblütengewächse

Merkmale: 5–45 cm; Blütezeit V–IX. Blütendolden 2- bis 7-blütig, am Grund mit 3 kleinen Hochblättern. Blüten gelb, außen oft rötlich, bis 15 mm lang; wie bei allen heimischen Schmetterlingsblütengewächsen aus Fahne (oberes, vergrößertes Kronblatt), Flügel (die beiden seitlichen Kronblätter) und Schiffchen (die beiden vorderen, miteinander verwachsenen Kronblätter) bestehend (s. Grafik). Schiffchen gegen die Spitze rechtwinklig aufgebogen. Kelchzähne vor dem Blühen zusammengeneigt. Hülsenfrüchte gekrümmt (Name!). Blätter verkehrt-eiförmig, keilig; Nebenblätter schief-eiförmig, spitz, fast so groß wie die Blätter; Blattunterseite bläulichgrün. Stengel kantig, aufsteigend bis niederliegend. **Standort:** Wiesen, Grasplätze, Halbtrockenrasen, Gebüsch, Steinbrüche, Wegränder, Felsen; in den Alpen bis 2300 m. **Verbreitung:** Eurasien, Massenverbreitung jedoch in den mittleren und westlichen Gebieten sowie im Bereich nördlich des Mittelmeeres.

Der Gewöhnliche Hornklee ist ein Rohbodenbesiedler und Bodenverbesserer. Zusätzliche praktische Bedeutung kommt der Pflanze als Bienenweide und gute Futterpflanze zu.

Gewöhnlicher Wundklee
Anthyllis vulneraria

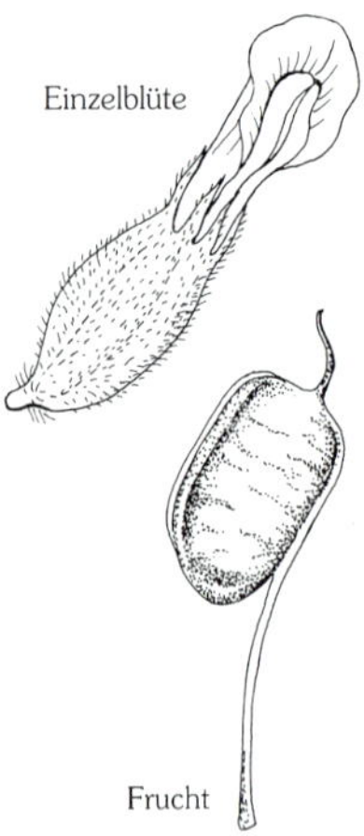

Merkmale: 10–30 cm; Blütezeit V–VIII. Formenreiche Art mit vielblütigen Blütenköpfchen. Kronblätter gelb (auch gelegentlich weißlich oder rötlich); Kelch zottig-filzig, nach der Blütezeit aufgeblasen, mit ungleichen Zähnen (vgl. Grafik). Hülsenfrucht 1-(bis 2-)samig (Grafik). Grundblätter z. T. einfach, zur Blütezeit oft bereits fehlend; Stengelblätter gefiedert, Endblättchen deutlich größer als die seitlichen Fiedern. **Standort:** Trockenwiesen, Halbtrockenrasen, Wege, Böschungen, Steinbrüche; Küstendünen. Kalkliebend; bis in die alpine Region. **Verbreitung:** Ganz Europa; auch in Nordafrika (Atlas-Gebirge).

Der Name unterstreicht die Bedeutung der Art als Heilpflanze: Aufgrund ihres Gehaltes an Saponinen und Gerbstoffen wurde sie in der Volksmedizin zur Behandlung von Wunden und Geschwüren benutzt. Hauptbestäuber sind Hummeln, als Verbreitungsform überwiegt die Windverbreitung.

Schmetterlingsblütengewächse
Fabaceae

Bunte Kronwicke

Coronilla varia

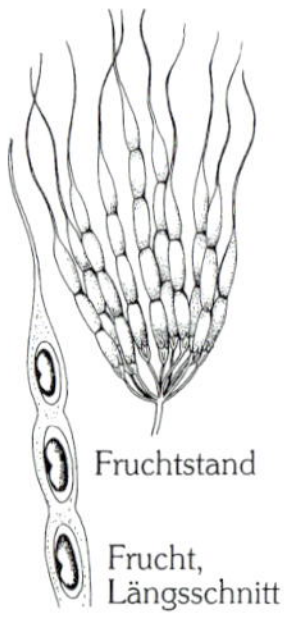

Fruchtstand

Frucht, Längsschnitt

Merkmale: 30–60 (120) cm; Blütezeit V–IX. Einzige nicht gelb blühende Kronwicke der heimischen Flora. Die charakteristische, aus Fahne, Schiffchen und Flügeln bestehende Schmetterlingsblüte (vgl. S. 44) weist folgende Farbgebung auf: Fahne rosa; Schiffchen (geschnäbelt) weiß, mit violetter Spitze; Flügel weiß. Aus den 8–20 in einer Dolde stehenden Blüten entwickeln sich 25–50 mm lange, 4-kantige Früchte mit hakig gebogenem Schnabel und 2–6 Einschnürungen (s. Grafik). Der niederliegende bis aufsteigende Stengel ist kantig und hohl, die Blätter tragen 4–12 Paare von Seitenfiedern. **Standort:** Trockene Wiesen, Raine, Waldränder, lichtes Gebüsch, Steinbrüche; vor allem auf Kalk; bis in Höhen von 1000 m. **Verbreitung:** Gemäßigt-kontinental, also insbesondere in Mitteleuropa (Balkan!).
Die leicht giftige Licht- bis Halbschattenpflanze zählt zu den Tiefwurzlern (ca. 1 m). Bemerkenswert ist die bei dieser Art auftretende Wurzelsprossung als eine Form vegetativer Vermehrung: Auf der Oberseite der Seitenwurzeln brechen neue Sprosse aus den inneren Wurzelschichten hervor.

Dornige Hauhechel

Ononis spinosa

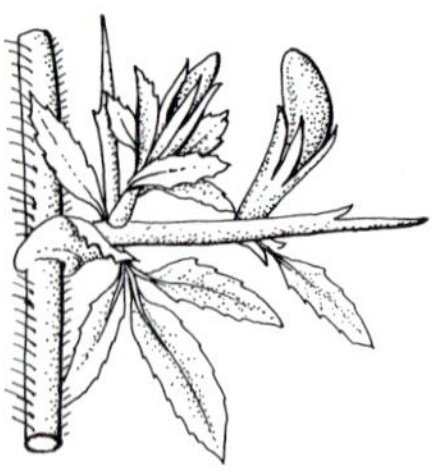

Sproßdornen der Unterart *spinosa*

Frucht

Merkmale: 20–60 (100) cm; Blütezeit VI–IX. Stengel aufrecht oder aufsteigend, nicht liegend, an der Basis holzig; 1- oder 2-reihig, oben oft ringsum behaart. Blätter meist 3-zählig, kahl; Fiedern eiförmig, gezähnt, nicht ausgerandet. Blüten einzeln (oder bis zu 3), in den Blattachseln oder an den Zweigspitzen gehäuft, kurz gestielt. Blütenkelche nur gering behaart, drüsig. Hülse so lang wie der Kelch oder länger (vgl. Grafik). Eine Unterart (ssp. *spinosa*) ist stark dornig (Sproßdornen!). **Standort:** Halbtrocken- und Kalkmagerrasen, wechseltrockene Wiesen und Weiden, trockene Ruderalstellen (Wegränder, Böschungen usw.); bis in mittlere Gebirgslagen. **Verbreitung:** Mittel- und Südeuropa; im Norden bis Südnorwegen, im Osten bis in die Nordwestukraine; z. T. Westasien.
Die vorliegende Art ist ein typischer Magerkeitszeiger. Bienen bestäuben die Blüten. Seit dem 16. Jahrhundert ist die Dornige Hauhechel offizinell bekannt. Die Wurzel enthält zahlreiche Verbindungen mit diuretischen Eigenschaften, deren Wirkung vor allem bei Erkrankungen der Harnwege genutzt wird.

Schmetterlingsblütengewächse
Fabaceae

Wiesen-Klee
Trifolium pratense

(Foto oben links)

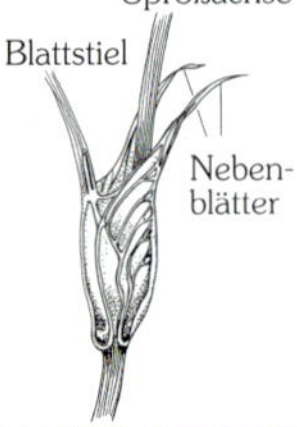

Merkmale: 10–40 cm; Blütezeit V–IX. Blütenköpfe meist zu zweit mit 2 Tragblättern, kugelig bis eiförmig, 20–35 mm lang; Einzelblüten hellpurpurn, ungestielt mit 10-nervigem, außen behaartem Kelch. Fiederblättchen länglich-eiförmig (1–3 cm), meist gefleckt, Nebenblätter scharf zugespitzt (s. Grafik). **Standort:** Fettwiesen, Felder, lichte Wälder, selbst Moorwiesen; bis in Höhenlagen von 2300 m. **Verbreitung:** In kühl-gemäßigten Zonen weltweit verbreitet.

Die wirtschaftliche Bedeutung des Wiesen-Klees als Nährstoffzeiger, Bodenverbesserer (Anreicherung von Luftstickstoff mittels Bakteriensymbiose) und als hochwertige, eiweißreiche Futterpflanze ist beträchtlich. Die Blüten werden vor allem von Hummeln bestäubt, Ameisen und pflanzenfressende Säugetiere verbreiten die Samen.

Weiß-Klee
Trifolium repens

(Foto oben rechts)

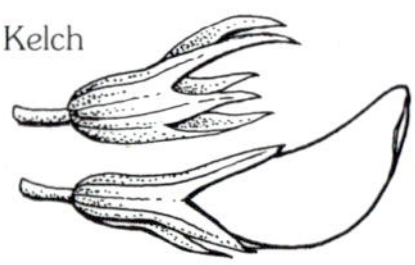

Merkmale: 5–20 (50) cm; Blütezeit V–X. Die Blütenköpfchen tragen gestielte, weiße – in verblühtem Zustand hellbraune – Einzelblüten mit einem 10-nervigen Kelch (vgl. Grafiken). Nebenblätter trockenhäutig, mit rotvioletter und grüner Nervatur, in eine grannenartige Spitze auslaufend. Stengel weit kriechend und an den Knoten wurzelnd. **Standort:** Fettwiesen, Parkrasen, Gärten, Grasplätze und Wegränder; im Gebirge bis 2200 m. **Verbreitung:** In gemäßigten Zonen weltweit.

Der Weiß-Klee, ein alter Kulturbegleiter, hat nicht nur als Bienenweide, sondern vor allem als wintergrüne Futter- und Weidepflanze große Bedeutung erlangt.

Echter Steinklee
Melilotus officinalis

(Foto unten)

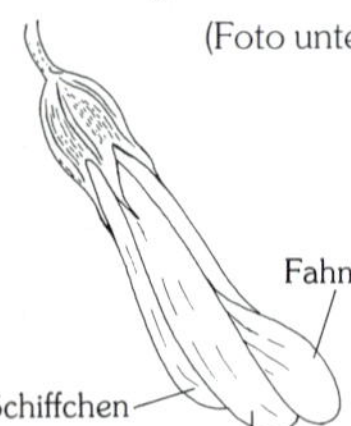

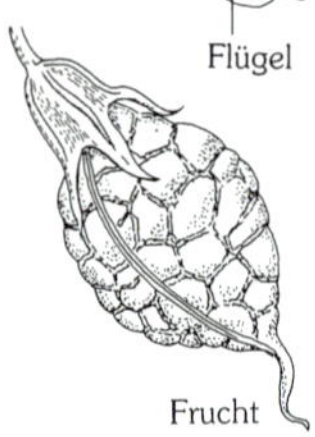

Merkmale: 30–100 cm; Blütezeit V–IX. Blüten in 4–10 cm langen Trauben, gelb. Schiffchen kürzer als Fahne und Flügel (vgl. Grafik und S. 44). Blätter gesägt, Fiedern mit 6–13 Paaren von Seitennerven. Frucht (Grafik) eine Hülse, 3–5 mm lang, kahl, später braun. **Standort:** Typische Ruderalpflanze: sonnige Unkrautfluren. Wegränder, Schuttplätze, Bahngelände; auch Ufer, Steinbrüche und Grasplätze. **Verbreitung:** Westliches Eurasien, in gemäßigten Zonen weltweit verbreitet.

Die Art besitzt ein vielfache praktische Bedeutung: als Futterpflanze und Bienenweide, aber auch als Zusatz für Kräuterkäse, als Heilpflanze sowie als Mottenkraut. Der Duft (beim Welken) rührt vom Cumarin her, einem glykosidischen Inhaltsstoff, der auch bei Waldmeister (*Galium odoratum;* S. 68) und Ruchgras *(Anthoxanthum odoratum)* vorkommt.

Ebenfalls als Heil- und Nutzpflanze findet der ähnliche **Weiße Steinklee** *(M. alba)* Verwendung.

Schmetterlingsblütengewächse
Fabaceae

Zaun-Wicke
Vicia sepium

Merkmale: 30–60 cm; Blütezeit V–VIII. Blätter (Grafik) mit 8–18 Fiederblättchen, vorn meist mit geteilter Ranke; Fiederblättchen eiförmig, gewimpert. Blätter und Stengel kurz weichhaarig. Blüten blattachselständig, zu 2–5 in kurz gestielten Trauben, schmutzigviolett; Krone 12–15 mm lang; Kelchzähne ungleich groß. Hülsen anfangs kurzhaarig, später kahl, breit-lineal, reif glänzend schwarz. **Standort:** Säume, Gebüsche, Wegränder, Ackerränder, Fettwiesen, krautreiche Wälder; bis 2000 m. **Verbreitung:** Fast ganz Europa.
Die Zaun-Wicke liebt stickstoffhaltige Böden und gilt deshalb als Nährstoffzeiger. Aufgrund des hohen Eiweißgehaltes der Pflanze zählt sie zu den wertvollen Futterkräutern.

Vogel-Wicke
Vicia cracca

(Foto unten links)

Merkmale: 20–150 cm; Blütezeit VI–VIII. Blüten blauviolett, 8–12 mm lang, in dichten, 10- bis 40-blütigen lang gestielten Trauben. Blätter mit 6–10 Paaren schmal-linealer, bis 5 mm breiter Seitenfiedern; Nebenblätter ganzrandig, pfeil- bis spießförmig (vgl. Grafik). Stengel kantig; weitkriechende Bodenausläufer. **Standort:** Raine, Wiesen, Getreideäcker, (Ufer-)Gebüsch; bis 1200 m. **Verbreitung:** Eurasien.
Die Fruchtverbreitung erfolgt über einen Schleudermechanismus bzw. als Verdauungsverbreitung durch Pflanzenfresser. Bei dieser Art handelt es sich um einen alten Kulturbegleiter (seit der jüngeren Steinzeit).

Frühlings-Platterbse
Lathyrus vernus

(Foto unten rechts)

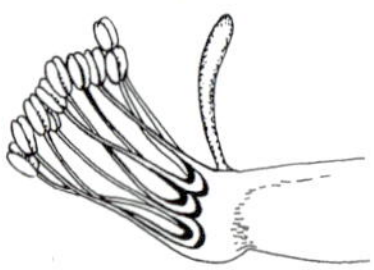

Staubblattröhre einer *Lathyrus*-Art (rechtwinklig abgeschnitten, »L«-Typ)

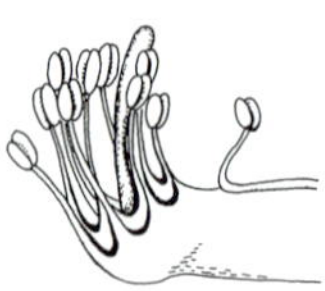

Staubblattröhre einer *Vicia*-Art (schräg abgeschnitten, »V«-Typ)

Merkmale: 20–40 cm; Blütezeit IV–V. Kahle Pflanze mit 3- bis 8-blütigen Trauben. Blüten anfangs rotviolett (bedingt durch den sauren Zellsaft), später blau bis grünblau (Zellsaft neutral bis alkalisch), 15–20 mm lang. Blätter mit 4–6 breit-eiförmigen Fiederblättchen; diese sind lang zugespitzt, weich und unterseits glänzend, 3–7 cm lang, 1–3 cm breit. Stengel kantig, ungeflügelt. Hülsenfrucht braunschwarz, 4–6 cm lang; die abgeplatteten Samen führten zum deutschen Gattungsnamen. **Standort:** Buchen-, Eichen- oder Nadelmischwälder; Gebüsche. **Verbreitung:** Gemäßigt-kontinentales Europa.
Die kalkliebende Schatten- bis Halbschattenpflanze wird von Hummeln bestäubt. Zur Unterscheidung der beiden nahverwandten Gattungen *Vicia* (Wicke) und *Lathyrus* (Platterbse) entfernt man die Blütenkronblätter. Erscheint die Staubblattröhre an der Ansatzstelle der nichtverwachsenen Staubbeutel rechtwinklig abgeschnitten, so handelt es sich um die Gattung *Lathyrus* (vgl. Grafik), erscheint die Staubblattröhre schief abgeschnitten, liegt eine Art der Gattung *Vicia* (vgl. Grafik) vor.

Storchschnabelgew.
Geraniaceae

Wiesen-Storchschnabel

Geranium pratense

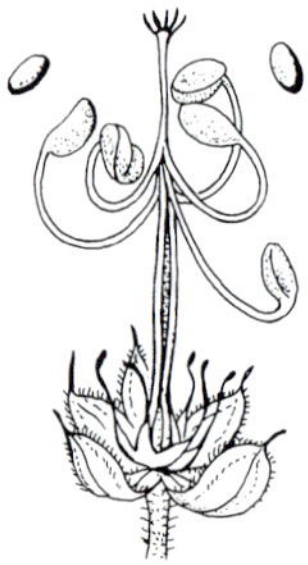

aufspringende Frucht

Merkmale: 20–60 (80) cm; Blütezeit VI–IX. Blüten 2,5–4 cm groß, blauviolett bis hell-lila, dunkel geadert; Staubfäden am Grund auffällig 3-eckig verbreitert, kurz gewimpert. Blütenstiele nach dem Verblühen abwärts gebogen, zur Fruchtzeit oft wieder aufrecht. Blätter 7-lappig geteilt, sehr variabel; Lappen doppelt fiederspaltig, mit lanzettlichen Zähnen, kurzborstig behaart. **Standort:** Fettwiesen, Gräben, Straßenraine; kalkhold. Charakterart der gedüngten Talwiesen. Im Norden Neophyt. **Verbreitung:** Eurasiatisch-kontinental; weite Teile Europas, jedoch selten im Mediterrangebiet sowie in weiten Gebieten des Nordens.

Der Wiesen-Storchschnabel gilt als Nährstoffzeiger und Tiefwurzler. Die eigenartige Verbreitung der Früchte wird als Schleuderverbreitung oder Katapultmechanismus bezeichnet: Die inneren Teile der Fruchtblätter bleiben als Säule im Zentrum stehen, die Außenwände des Fruchtknotens, die an ihrer Basis jeweils einen Samen umschließen, lösen sich dagegen ruckartig ab (nur an der Spitze bleibt die Verbindung mit der zentralen Säule erhalten) und katapultieren dabei die Samen aus dem Fruchtstand (s. Grafik). Diese Art der Fruchtverbreitung ist für die gesamte Gattung *Geranium* typisch. Die Gattung kommt in Mitteleuropa mit etwa 20 Arten vor, der gesamteuropäische Raum weist ungefähr die doppelte Anzahl auf.

Bemerkenswert sind ferner die Wachstumsbewegungen der Blütenstiele beim Aufblühen: Blütenknospen stehen zunächst aufrecht, nicken dann; die sich öffnenden Blüten stehen wieder aufrecht und nehmen danach eine waagrechte Position ein. Diese Bewegungen kommen durch unterschiedliches Wachstum der Blütenstielflanken zustande.

Wald-Storchschnabel

Geranium sylvaticum

Merkmale: 20–70 cm; Blütezeit VI–VIII. Blütenstiele 2-blütig, nach dem Verblühen aufrecht bleibend (im Gegensatz zum Wiesen-Storchschnabel). Blütenkronblätter rotviolett, 12–18 mm lang, am Grund bärtig. Blätter 7-lappig, bis über die Hälfte eingeschnitten und bis etwa zur Mitte grob unregelmäßig gezähnt (Grafik). Pflanze behaart. **Standort:** Wiesen, Wälder, Buschsäume; Hochstaudenfluren. vorzugsweise im Gebirge, bis in Höhenlagen von 2200 m. **Verbreitung:** Zentral- und nordeurasiatisch (eurosibirisch).

Beim Wald-Storchschnabel handelt es sich um eine Licht- bis Halbschattenpflanze, die von Insekten bestäubt wird.

Storchschnabelgew.
Geraniaceae

Stinkender Storchschnabel

Geranium robertianum

Merkmale: 15–45 cm; Blütezeit V–IX. Blüten rosa, 3–10 mm lang, Blütenkronblätter nicht ausgerandet. Kelch nur halb so lang, drüsenhaarig, oben einwärts gekrümmt. Blätter (Grafik) 3- bis 5-zählig gefiedert, mit doppelt-fiederspaltigen, gestielten Fiederblättchen. Stengel (und Blätter) oft rötlich, drüsig behaart. Ganze Pflanze mit widrigem Geruch (Name!). **Standort:** Wälder, Schluchten, schattige Mauern, Felsen; Hecken, Waldsäume; bis in Höhen von 1700 m. **Verbreitung:** In gemäßigten Zonen weltweit.

Aus den Standortangaben geht hervor, daß es sich bei der vorliegenden Art um eine Schattenpflanze handelt. Die Bestäubung der Blüten wird durch Insekten oder auf dem Wege der Selbstbestäubung erreicht; für die Samenverbreitung wird wie bei den anderen *Geranium*-Arten ein äußerst wirkungsvoller Schleudermechanismus eingesetzt (vgl. S. 52).

Seidelbastgewächse
Thymelaeaceae

Gewöhnlicher Seidelbast

Daphne mezereum

geschützt

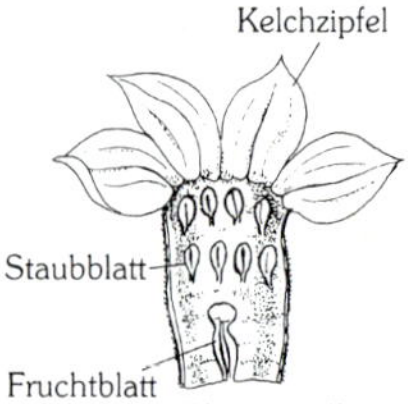

Blüte, geöffnet

Merkmale: 40–125 cm; Blütezeit II–V. Der Seidelbast gehört zu den ersten Frühjahrsblühern. Lange Zeit vor den Blättern erscheinen an den holzigen Zweigen die stark duftenden, purpurroten Blüten. Bei genauerer Betrachtung zeigt sich, daß die vermeintlichen Blüten allein von den gefärbten zylindrischen Achsenbechern bzw. Kelchröhren gebildet werden (s. Grafik); der 4-zipflige Kelch ist also blumenblattartig entwickelt und übernimmt die Anlockungsfunktion. Meist stehen diese Blüten in 3er-Gruppen seitenständig am Stengel über den Narben der vorjährigen Blätter. Nachdem die länglich-lanzettlichen, am Grund keilförmig verschmälerten Blätter (4–9 cm lang) ausgebildet sind, reifen im Sommer die erbsengroßen, scharlachroten (selten gelblich-weißen) Beeren heran (s. Grafik) – die Kelchröhren fallen bereits kurz nach der Blütezeit ab. **Standort:** Krautreiche Buchen-, Eichen-Hainbuchenwälder oder Nadelmischwälder, nährstoffreiche, kalkhaltige Mullböden; bis in Höhen von 2000 m. **Verbreitung:** Eurasiatisch, insbesondere in kontinentalen Bereichen.

Wie viele andere Frühjahrsblüher nützt der Seidelbast die günstige Lichtperiode vor dem Laubaustrieb in den Wäldern. Die Blüten werden durch Insekten (insbesondere Falter und Hautflügler) bestäubt, die leuchtend roten Früchte von Vögeln verbreitet. Sie sind – wie Blätter und Rinde – für den Menschen giftig und wirken brecherregend.

Wolfsmilchgewächse
Euphorbiaceae

Zypressen-Wolfsmilch
Euphorbia cyparissias

Frucht

Merkmale: 15–50 cm; Blütezeit IV-VII. Häufige Wolfsmilch-Art mit schmal-linealen, ganzrandigen hell- bis bläulichgrünen Blättern. Nichtblühende Triebe tannenwedelartig. Hauptdolde vielstrahlig; Hochblätter der oberen Verzweigung nicht verwachsen, gelb und zuletzt rot. Honigdrüsen halbmondförmig, zweihörnig, wachsgelb. Fruchtkapsel feinwarzig (Grafik). **Standort:** Magerrasen, Schafweiden, trockene Hänge, Felsen; vor allem auf Kalk. **Verbreitung:** Fast ganz Europa; Westasien.

Der weiße Milchsaft (Name!), der in verzweigten Milchröhren gebildet wird, enthält Giftstoffe (vor allem Euphorbon), die die Pflanze vermutlich gegen Tierfraß schützen sollen; dies gilt jedoch nur für Wirbeltiere, da sich z. B. die Raupe des Wolfsmilchschwärmers von der Pflanze ernährt. Die Giftstoffe reizen Haut und Schleimhäute und führen lokal zu Gewebszerstörungen. Besonders problematisch sind Augenverletzungen.

Doldengewächse
Apiaceae

Wiesen-Bärenklau
Heracleum sphondylium

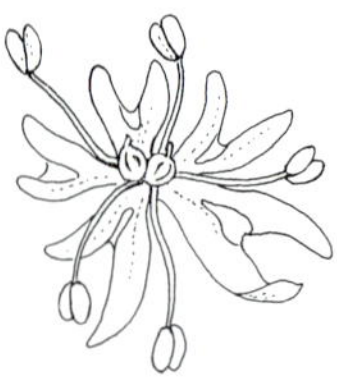

Randblüte

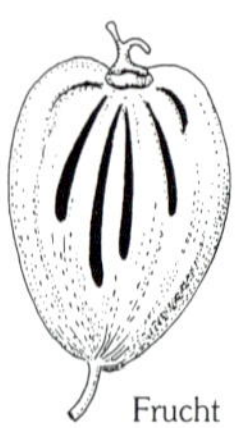

Frucht

Merkmale: 30–180 cm; Blütezeit VI–X. Kräftige Pflanze mit kantigen, gefurchten, rauhhaarigen Stengeln. Dolden groß, 5–15 cm, Dolden- und Döldchenstrahlen weichhaarig. Blüten weiß, Randblüten der Döldchen deutlich vergrößert; sie verlieren dadurch die normale mehrstrahlige Symmetrie und werden monosymmetrisch (s. Grafik). Daraus resultiert eine größere optische Wirkung, die für die Anlockung der Insekten bedeutsam ist. Hülle fehlend, Hüllchenblätter lanzettlich. Blätter groß (10–30 cm), einfach gefiedert, mit eiförmig-lanzettlichen, gestielten Fiederblättchen. Blattscheiden stark aufgeblasen. Frucht flach, breit geflügelt, mit deutlichen Ölstriemen, 7–11 mm lang (Spaltfrucht; s. Grafik). **Standort:** Wiesen, Gräben, Ufer, Gebüsche, Weg- und Waldränder. **Verbreitung:** Ganz Europa mit Massenverbreitung in den kontinentalen Regionen.

Der Wiesen-Bärenklau wird von Fliegen und Bienen bestäubt und gilt als Nährstoff- bzw. Überdüngungszeiger.

Doldengewächse
Apiaceae

Wiesen-Kerbel

Anthriscus sylvestris

(Foto oben)

Merkmale: 60–150 cm; Blütezeit IV–VIII. Blüten weiß, in einer 4- bis 15-strahligen Dolde, Randblüten wenig vergrößert; Hülle fehlend, Hüllchen 1- bis 5-blättrig. Blätter doppelt bis dreifach gefiedert. Stengel hohl, gefurcht, unten behaart, oben kahl. Frucht 5–10 mm lang, länger als ihr Stiel, glatt, dunkelbraun. **Standort:** (Fett-)Wiesen, Hecken,Gebüsche, Wegränder, gern im Schatten von Obstbäumen; bis in Höhen von 2400 m. **Verbreitung:** Nördliches und mittleres Eurasien, jedoch nach Westen orientiert.

Der Wiesen-Kerbel gehört zu den häufigsten Doldengewächsen in Mitteleuropa. Die relativ unspezifischen Blüten werden vorwiegend von Fliegen und Käfern bestäubt.

Wilde Möhre

Daucus carota

(Foto unten links)

Merkmale: 50–80 cm; Blütezeit V–VIII. Die Dolden (3–7 cm Durchmesser) sind zur Blütezeit flach gewölbt, zur Fruchtreife neigen sich die Doldenstrahlen »vogelnestartig« zusammen. Häufig finden sich in der Mitte der Dolde eine schwarzpurpurne »Mohrenblüte« (Name!). Blüten weiß, die randständigen oft vergrößert. Hüllblätter 7–13, fiederspaltig; Hüllchenblätter linealisch. Blätter 2- bis 4-fach gefiedert, behaart. Wurzeln verdickt. **Standort:** Wiesen, Äcker, Wegränder, Dämme, Steinbrüche; bis 1100 m. **Verbreitung:** Ganz Europa; in gemäßigten Zonen weltweit verschleppt.

Die wärmeliebende Pflanze wird seit langer Zeit als Gemüse- und Heilpflanze kultiviert. Eine bekannte Unterart ist die Gartenmöhre (Karotte).

Geißfuß

Aegopodium podagraria

(Foto unten rechts)

Merkmale: 30–100 cm; Blütezeit V–IX. Kräftige, mehrjährige Pflanze mit kantigem, gefurchtem, hohlem Stengel und zahlreichen unterirdischen Ausläufern. Die 12- bis 20-strahligen Dolden tragen kleine weiße Blüten, Hülle und Hüllchen fehlen. Blätter sind doppelt dreizählig gefiedert, die Fiederblättchen 1. Ordnung ähneln einem Ziegenfuß (Name!). Früchte kümmelähnlich, kahl. **Standort:** Hecken, Gebüsche, Gärten, Friedhöfe, Ufer, Schluchtwälder; im Gebirge bis in Höhen von etwa 1500 m. **Verbreitung:** Fast ganz Europa; bevorzugt werden die gemäßigt-kontinentalen Gebiete des eurasiatischen Laubwaldgürtels.

Die Blätter des Geißfußes werden mancherorts als Wildgemüse verwendet. Früher dienten zerquetschte Pflanzen als Mittel gegen Rheumatismus und Gicht.

Veilchengewächse
Violaceae

Wald-Veilchen
Viola reichenbachiana

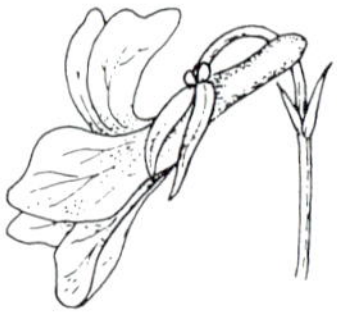

Merkmale: 10–30 cm; Blütezeit IV–VI. Blüten kleiner als 2 cm, einzeln in den Achseln der Stengelblätter, rötlichviolett; Kronblätter sich nicht deckend; Blütensporn violett, schlank, oft abwärts gebogen, 4–6 mm lang. Grundblätter in den Achseln beblätterter Stengel. Herzeiförmige, nur zerstreut behaarte Blätter sowie lineallanzettliche, kammartig gefranste Nebenblätter. **Standort:** Laub-(Buchen-) und Nadelwälder, Gebüsche; bis in Höhenlagen von 1600 m. **Verbreitung:** Das Wald-Veilchen ist eine typisch zentraleuropäische Art mit Schwerpunkt im europäischen Laubwaldgürtel; daneben tritt sie noch in südeuropäischen Gebirgen auf.

Falls die Bestäubung durch Insekten nicht gewährleistet ist, kann Selbstbestäubung erfolgen. Die Samen werden durch Ameisen verbreitet.

Acker-Stiefmütterchen
Viola arvensis

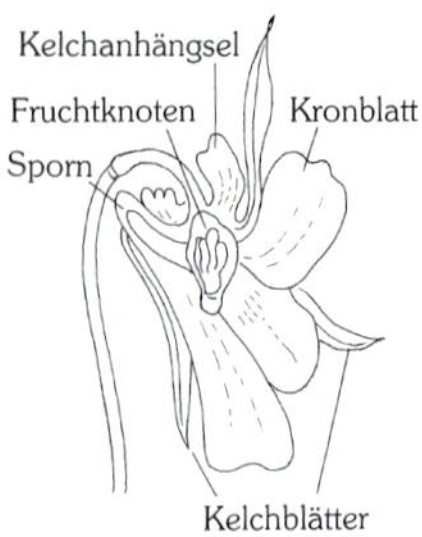

Blüte, Längsschnitt

Merkmale: 5–20 (40) cm; Blütezeit IV–X. Pflanzen meist einjährig; Blüten 10–15 mm groß, cremefarben (höchstens 1 oder 3 der oberen Kronblätter schwach violett). Kronblätter so lang wie die Kelchblätter; Sporn etwa so lang wie Kelchanhängsel (vgl. Grafik). Blätter länglich-spatelförmig, länger als breit; Nebenblätter fiederspaltig, mit eiförmig-lanzettlicher bis linearer Endfieder. Stengel stark verzweigt, kahl oder schwach behaart. **Standort:** Äcker (vor allem in Wintergetreidefeldern), Gärten, Wegränder, Schuttplätze; auf frischen bis mäßig trockenen Ruderalstellen. **Verbreitung:** Ganz Europa (ohne Island); Westasien.

Aufgrund des Saponingehaltes der Wurzeln wurde das Acker-Stiefmütterchen schon im Mittelalter als Heilpflanze verwendet. Die in 3 Klappen elastisch aufspringenden Kapselfrüchte haben als besonderen Mechanismus zur Samenverbreitung den einer sogenannten Quetsch-Schleuder entwickelt. Ameisen, die die Samen verschleppen, tragen ebenfalls zur Ausbreitung der Art bei.

Primelgewächse
Primulaceae

Hohe Schlüsselblume
Primula elatior

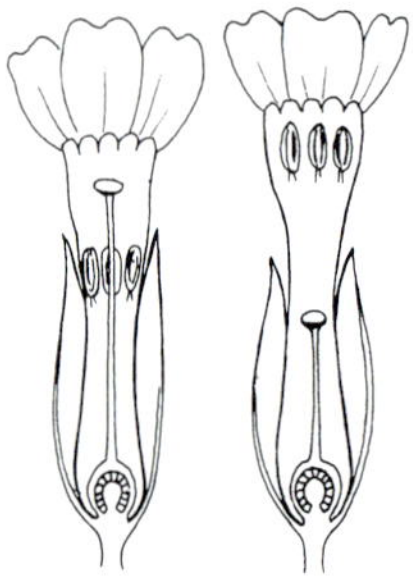
langgriffelige kurzgriffelige
Blüte, Längsschnitte

Merkmale: 10–30 cm; Blütezeit III–V. Blütenkronsaum flach ausgebreitet, schwefelgelb; am Schlund eine ringförmige, dunkelgelbe Zone. Blüten höchstens schwach duftend. Kelch eng anliegend. Blätter runzelig, 10–20 cm, zerstreut kurzhaarig. **Standort:** Laubwälder, vor allem Auen- und Schluchtwälder, Gebüsche, Wiesen; bis in Höhenlagen von 2400 m. **Verbreitung:** Fast ganz Europa, insbesondere im westlichen, mittleren und südlichen Teil.

Die Hohe Schlüsselblume bildet mancherorts den Frühlingsaspekt (vgl. S. 36) der Wiesen. Eine besondere Erscheinung, die Heterostylie, garantiert die Fremdbestäubung der Blüten durch Bienen und Hummeln: Bei den Pflanzen kommen etwa gleich viele lang- und kurzgriffelige Individuen (vgl. Grafik) vor. Entsprechend tief bzw. hoch sind die Ansatzstellen der Staubblätter. Bereits Darwin zeigte, daß der Pollen der hochsitzenden Staubblätter stets auf die Narben der langgriffeligen Blüten übertragen wird, der Pollen der tieferen Staubblätter dagegen auf die Narben der kurzgriffeligen Blüten; nur bei dieser Kreuzbestäubung ergibt sich ein optimaler Fruchtansatz. Auch die Größe der Pollenkörner und entsprechend die der Narbenpapillen ist bei den beiden Formen unterschiedlich.

Duftende Schlüsselblume
Primula veris

Schüttelkapsel

Merkmale: 10–30 cm; Blütezeit IV–V. Im Gegensatz zur Hohen Schlüsselblume ist hier der Blütenkronsaum vertieft und dottergelb; am Schlund befinden sich 5 orangerote Flecken (Saftmale zur Anlockung der Insekten). Die Blüten duften intensiv; der Kelch ist weit glockenförmig. Blätter 5–15 cm, länglich, in den geflügelten Stiel verschmälert, behaart, wie der Stengel samtig-flaumig. **Standort:** Wiesen, lichte Wälder, Waldränder und Gebüsche; bevorzugt Kalkmagerrasen; bis in Höhen von 1700 m. **Verbreitung:** Im gleichen Gebiet wie die Hohe Schlüsselblume (sympatrische Verbreitung!).

Die licht- und wärmeliebende Duftende Schlüsselblume zeigt ebenfalls das Phänomen der Heterostylie. Bei beiden Arten werden die Samen durch den Wind verbreitet, d. h. bei Luftbewegung aus den auf langen Schäften stehenden Schüttelkapseln (Grafik) verstreut. Die Wurzeln der Duftenden Schlüsselblume wurden wegen ihres Saponingehalts früher zu Heilzwecken verwendet.

Primelgewächse
Primulaceae

Acker-Gauchheil

Anagallis arvensis

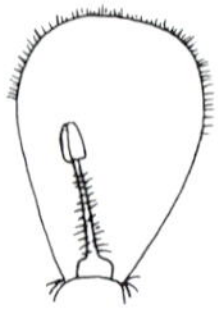

Kronblatt mit Staubblatt

Kapsel, aufgesprungen

Merkmale: 5–30 cm; Blütezeit VI–X. Stengel beblättert, 4-kantig; Blätter gegenständig, eiförmig-stumpflich, 5–20 mm lang. Blüten lang gestielt; Krone mennigrot (seltener blau, lila, fleischfarben oder weiß); Kronzipfel (Grafik) etwa 7 mm lang, 6 mm breit, verkehrt-eiförmig, in der unteren Hälfte sich deckend, vorn ganzrandig, am Rand mit je 35–70 Drüsenhaaren. Kelchblätter ganzrandig, bei geöffneten Blüten nur die Spitzen sichtbar. Frucht: Deckelkapsel mit 20–22 Samen (vgl. Grafik). **Standort:** Nährstoffreiche, gehackte Äcker, Gärten, Weinberge, Getreidefelder; Ruderalstellen; bis 1600 m. **Verbreitung:** Ursprünglich in den ozeanisch beeinflußten Gebieten Europas; inzwischen weltweit verschleppt.

Die Pflanze gilt als Lehm- und Nährstoffzeiger. Ihre Blüten sind Pollenblumen, die überschüssigen Pollen als Nahrung für die bestäubenden Insekten liefern; mitunter kommt auch Selbstbestäubung vor. Früher wurde der Acker-Gauchheil aufgrund seines Gehaltes an Saponinen und anderen Wirkstoffen zur Behandlung von Hautausschlägen und Geschwüren verwendet.

Pfennigkraut

Lysimachia nummularia

Merkmale: 10–50 cm; Blütezeit V–VII. Weit kriechende, wenig verzweigte Stengel mit gegenständigen, rundlichen bis elliptischen Blättern, in deren Achseln einzelne, lang gestielte Blüten stehen. Krone etwa 15 mm breit, innen dunkelrot-drüsig punktiert. Frucht 5-klappig aufspringend. **Standort:** Nasse bis feuchte, nährstoffreiche Fettwiesen, Gräben, Ufer, Auenwälder; Gärten. **Verbreitung:** Weite Teile Europas; im Norden bis 62° nördl. Breite.

Die Gattung *Lysimachia* stellt innerhalb der Primulaceae insofern eine Besonderheit dar, als hier beblätterte Stengel (sonst fast nur Rosettenpflanzen!) auftreten. Die vorliegende Art ist ein bekanntes Untersuchungsobjekt für Geotropismus (Wirkung der Schwerkraft auf das Wachstum). Die Bestäubung erfolgt durch Fliegen oder auf dem Weg der Autogamie, die Verbreitung vor allem durch Ausläufer. Die Blätter enthalten Saponine und Gerbstoffe.

Enziangewächse
Gentianaceae

Frühlings-Enzian

Gentiana verna

gefährdet, geschützt

(Foto oben)

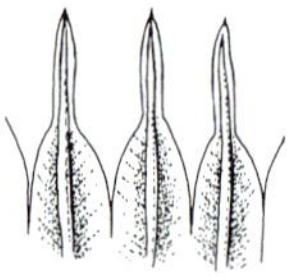

Kelchzähne

Merkmale: 3–15 cm; Blütezeit III–VI. Frühjahrsblüher mit leuchtend azurblauen »Stiel-Teller-Blüten«. Die 5-blättrige Krone der meist einzelnen, endständigen Blüten erreicht einen Durchmesser von 30 mm; zwischen den Zipfeln der Kronblätter finden sich zwei 2-zähnige Anhängsel (Bestimmungsmerkmal!). Der röhrige Kelch besitzt schmal geflügelte Kanten (Grafik). Untere Blätter deutlich größer als die oberen (Form elliptisch bis lanzettlich); die untersten Blätter der Blütenstengel – sie sind oft 3-mal so lang wie breit – bilden eine Rosette. Kapselfrucht. **Standort:** Kalkmagerrasen, Schafweiden, Heidewiesen, Matten; auch Flachmoore; bevorzugt steinige, kalkhaltige Ton- und Lehmböden; in Mittelgebirgen und höheren Gebirgslagen bis in Höhen von 2600 m. **Verbreitung:** Nahezu ganz Europa; vor allem im südlichen Mitteleuropa, von den Pyrenäen über Jura, Alpen, Karpaten bis zum Kaukasus, und jeweils in den vorgelagerten Mittelgebirgen.

Gefranster Enzian

Gentianella ciliata

gefährdet, geschützt

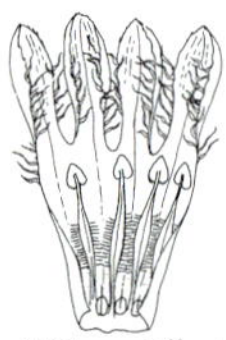

Blüte, geöffnet

Merkmale: 8–25 cm; Blütezeit VIII–X. Blüten meist einzeln, leuchtend blau, 3–5 cm lang, in den Achseln der obersten Blätter. Stengel aufrecht-aufsteigend, meist einfach. Blütenkrone 4-zipfelig mit deutlich gewimpertem (»gefranstem«) Rand (s. Grafik). Kelchzipfel lineal-lanzettlich, lang zugespitzt. Stengelblätter 1–3, zugespitzt, lineal-lanzettlich, einnervig; eine Blattrosette fehlt. Kapselfrucht. **Standort:** Trockenwiesen, Heiden, Schafweiden; Raine, Waldränder. Die Art bevorzugt kalkreiche, trockene, steinige Lehmböden und tritt im alpinen Bereich bis in Höhen von 2300 m auf. **Verbreitung:** Vor allem in Mittel- und Südeuropa; im Südosten bis zum Kaukasus.

Deutscher Enzian

Gentianella germanica

gefährdet, geschützt

(Foto unten rechts)

Kelch, geöffnet

Merkmale: 5–30 cm; Blütezeit VIII–X. Pflanze zweijährig, oben meist mit zahlreichen, kurzen, aufrechten Ästen, an denen sich die rötlichvioletten Blüten entwickeln. Die etwa 25–35 mm lange und bis 10 mm breite Kronröhre kann die 2-fache Länge des Kelches erreichen. Letzterer weist 5 nahezu gleiche Zipfel auf, deren Ränder durch Papillen rauh erscheinen (Grafik). Die 5 Kronzipfel sind nicht gefranst, dagegen ist der Schlund der Krone deutlich bärtig. Fruchtknoten gestielt. Die verkehrt-eiförmigen, spateligen, grundständigen Blätter gehen mit zunehmender Ansatzhöhe am Stengel in spitze, eiförmig-lanzettliche Stengelblätter über. **Standort:** Waldränder, Schafweiden, Heideflächen; vorzugsweise in Magerrasen der collinen (Hügelzone) bis montanen Region auf kalkreichen Böden. **Verbreitung:** Mitteleuropa mit westlichen und südlichen Randgebieten.

Rötegewächse
Rubiaceae

Wiesen-Labkraut
Galium mollugo

Wiesen-Labkraut

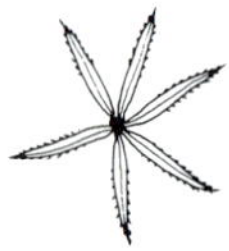
Echtes Labkraut

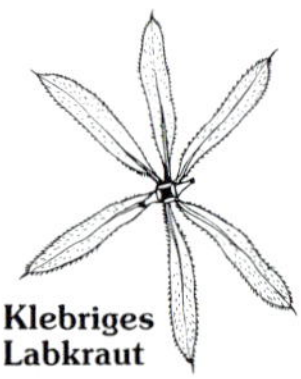
Klebriges Labkraut

Merkmale: 25–80 (100) cm; Blütezeit V–IX. Eine der häufigsten Labkraut-Arten in unserem Gebiet. Mehrjährige, kräftige Pflanze mit aufsteigenden 4-kantigen Stengeln (die keine abwärts gerichteten Stachelborsten tragen) und flachen, 2–8 mm breiten Blättern, die plötzlich in eine kurze Stachelspitze verschmälert sind (vgl. Grafik). Die weißlichen Blüten haben keine deutliche Röhre, die Kronzipfel sind abgerundet und tragen eine aufgesetzte Grannenspitze. Blütenstiele etwas länger als die Blüte. Frucht runzelig. **Standort:** Wiesen, Halbtrockenrasen, Wegränder, Hecken, Gebüsche und Waldränder; auch an steinigen Orten; bis in Höhenlagen von 2100 m. **Verbreitung:** Außer Island in ganz Europa.

Wie bei vielen anderen Rötegewächsen kann auch beim Wiesen-Labkraut aus den Wurzeln ein Farbstoff (rot) isoliert werden, der als Naturfarbstoff Verwendung fand. Die Blätter enthalten das Labferment, das Milch gerinnen läßt. Labkräuter wurden daher früher zur Käseherstellung verwendet.

Das **Echte Labkraut** *(Galium verum)* besitzt gelbe, in endständigen Rispen angeordnete Blüten sowie schmallanzettliche, stachelspitzige Blätter (zu 6–12 in Quirlen; vgl. Grafik). Die bis 2 mm großen, weißen Blüten des **Klebrigen** oder **Kletten-Labkrautes** *(Galium aparine)* sind eher unscheinbar in achselständigen Teilblütenständen angeordnet.

Waldmeister
Galium odoratum
Syn.: *Asperula odorata*

Waldmeister

Frucht

Merkmale: 10–30 cm; Blütezeit IV–VI. Pflanze mit unterirdisch kriechenden Ausläufern und relativ dünnen, 4-kantigen Stengeln (glatt, nur an den Knoten etwas behaart). Blätter zu 6–9 in Quirlen stehend, breiter als 5 mm (vgl. Grafik). Die reinweißen Blüten stehen in rispigen Blütenständen; Blütenkrone mit deutlicher Röhre, 6–7 mm lang, 4 stumpfe, ausgebreitete Kronzipfel. Frucht hakig-borstig (Grafik). **Standort:** Laubwälder, insbesondere Buchenwälder; bis 1400 m. **Verbreitung:** Zentraleuropäische Art; Leitpflanze unserer Laubmischwälder. Ferner in südeuropäischen Gebirgen vorkommend.

Der Waldmeister ist eine Schattenpflanze, wird von Bienen und Fliegen bestäubt und zeigt eine Klettverbreitung. Der Waldmeistergeruch rührt vom Cumarin her, das sich jedoch erst bei Verletzungen der Pflanze oder beim Trocknen aus einer Vorstufe bildet. Die Biosynthese dieses Duft- und Gewürzstoffes geht von der Zimtsäure aus. Verwendung: Parfumindustrie; Bowlenzusatz, zum Würzen von Wein und Likör.

Windengewächse
Convolvulaceae

Acker-Winde
Convolvulus arvensis

Merkmale: 30–60 cm; Blütezeit V–X. Mehrjährige, windende Pflanze mit zum Teil niederliegendem Stengel und spieß-pfeilförmigen, fast kahlen Blättern (s. Grafik). Die einzelnen, lang gestielten, blattachselständigen Blüten zeigen eine rosarote bis weiße Färbung; meist treten 5 purpurne Streifen deutlicher hervor. Blüten 15–25 mm lang und bis 30 mm im Durchmesser, nur einen halben Tag blühend; Narbe 2-teilig, Fruchtknoten und -kapsel 2-fächerig. Kelch ohne Vorblätter. **Standort:** Äcker, Gärten, Weinberge, Schuttplätze, Wegränder, Zäune; bis in Höhenlagen von 1200 m. **Verbreitung:** In warmgemäßigten Zonen weltweit.

Die Acker-Winde gilt als Pionierpflanze in Ackerunkrautgesellschaften. Aufgrund ihres relativ großen Wärmebedürfnisses kann sie als Wärmezeiger betrachtet werden. Aus ihrer Eigenschaft als Kulturbegleiter läßt sich die heute nahezu weltweite Verbreitung erklären. Die Bestäubung erfolgt durch Fliegen und Bienen. Bei den »Windebewegungen“ handelt es sich um kreisförmige Suchbewegungen der Sproßspitze entgegen dem Uhrzeigersinn. Eine volle Kreisbewegung dauert etwa 1,5 Stunden.

Gewöhnliche Zaunwinde
Calystegia sepium

Merkmale: 100–300 cm; Blütezeit VI–IX. Kahle, kräftige Kletterpflanze mit windenden Stengeln, mehr oder weniger pfeilförmigen Blättern (5–15 cm lang; s. Grafik) und 3–6 cm großen, weißen Blüten. Staubfäden in der unteren Hälfte drüsenhaarig. Die 2 großen, herzförmigen, grünlichen Vorblätter sind flach (nicht ausgesackt) und fast doppelt so lang wie der kahle Kelch. **Standort:** Gärten, Hecken, Zäune, Wegränder, Ufer, Schilf- und Seggenverlandungsgesellschaften; bis in 1200 m Höhe. **Verbreitung:** Europa außer Island; in gemäßigten Zonen weltweit.

Die Gewöhnliche Zaunwinde gehört wegen ihrer weitkriechenden unterirdischen Achsen zu den Kriechpionieren. Die Suchbewegungen (s. o.) dauern hier jeweils 1 ¾ Stunden. Die Lichtpflanze wird von Nachtschmetterlingen (Schwärmern) und Schwebfliegen bestäubt.

In den Küstengebieten (Schwerpunkt West- und Südeuropa) kommt die **Strand-Zaunwinde** *(Calystegia soldanella)* als niederliegende Pflanze mit nierenförmigen, fleischigen Blättern und rosafarbenen Blüten vor.

Rauhblattgewächse
Boraginaceae

Natternkopf

Echium vulgare

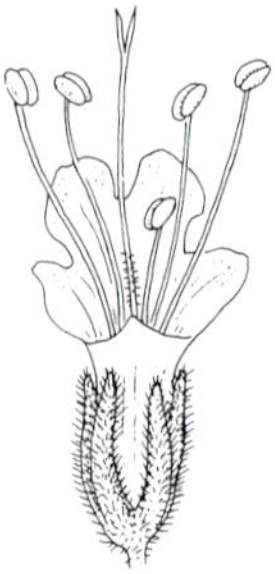

Merkmale: 30–100 cm; Blütezeit VI–X. Blütenstand pyramidenförmig. Blüten (Grafik) glockig-trichterförmig, leicht unregelmäßig mit Tendenz zur Monosymmetrie; erst rötlich, dann blau; länger als der Kelch (ca. 15 mm). Staubblätter ungleich lang, länger als die Krone. Die länglich-lanzettlichen Stengelblätter sind ungestielt und ebenso steifborstig behaart wie der kräftige Stengel. Die basalen, gestielten Rosettenblätter weisen auf die zweijährige Vegetationsperiode der Pflanze hin. **Standort:** Unkrautfluren an Wegrändern und Bahndämmen, in Steinbrüchen und auf Schuttplätzen; bevorzugt werden steinige Standorte; in den Alpen bis in Höhenlagen von 1300 m. **Verbreitung:** Ganz Europa einschließlich der südlichen (eur-)asiatischen Gebiete.

Der Name der Pflanze ist auf die Blütenform zurückzuführen, die – von der Seite betrachtet – an einen Schlangenkopf mit herausragender Zunge erinnert. Die wärmeliebende Pflanze, deren Wurzeln bis in 2,5 m Tiefe reichen, gehört zu den Pionierpflanzen, die unbesiedelte Standorte bevorzugen. Die Änderung der Blütenfarbe von rot nach blau beruht auf einem Wechsel im Säuregrad des Zellsaftes (von sauer nach neutral bis alkalisch). Die Verbreitung der Früchte erfolgt durch den Wind oder als Klettverbreitung. Früher wurde der Natternkopf als Heilpflanze verwendet.

Sumpf-Vergißmeinnicht

Myosotis palustris

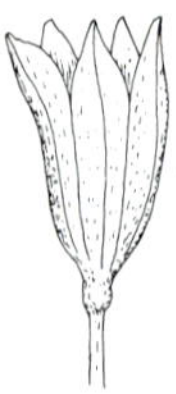

Sumpf-Vergiß-meinnicht

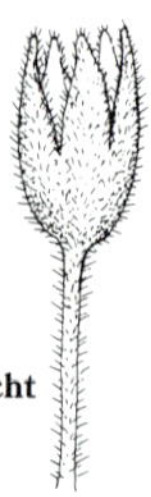

Acker-Vergiß-meinnicht

Merkmale: 20–100 cm; Blütezeit V–IX. Formenreiche Sammelart mit mehreren Klein- bzw. Unterarten in Mitteleuropa. Blüten 4–10 mm breit; Kelch angedrückt behaart, mit an der Spitze nicht hakig gekrümmten Haaren, zur Fruchtzeit offen bleibend (vgl. Grafik). Blütenstand blattlos. Blätter länglich-lanzettlich, sitzend, wie die Seitenäste anliegend bis abstehend behaart. Stengel stumpfkantig, meist behaart, kriechend-wurzelnd oder aufsteigend. **Standort:** Nährstoffreiche, nasse Wiesen; Gräben, Ufer, Röhricht, Bruchwälder; bis in 1700 m Höhe. **Verbreitung:** Eurasien bis Sibirien; östliches Nordamerika.

Das Sumpf-Vergißmeinnicht ist ein Stickstoff- und Nässezeiger. Die Blüten werden durch Fliegen und Falter bestäubt. In ihrer Entwicklung läßt sich ein Farbwechsel beobachten (junge Blüten rosarot, ältere Blüten blau; s. o.).

Andere heimische Vergißmeinnicht-Arten wie z. B. das **Acker-Vergißmeinnicht** *(Myosotis arvensis)* sind durch abstehend behaarte Kelche (vgl. Grafik) und behaarte Stengel gekennzeichnet.

Rauhblattgewächse
Boraginaceae

Gewöhnlicher Beinwell

Symphytum officinale

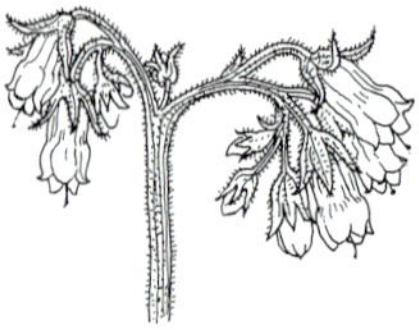

Doppelwickel

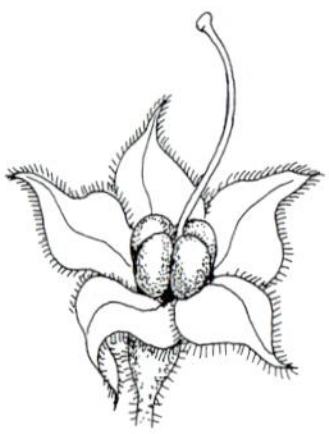

Frucht mit Kelch

Merkmale: 30–100 cm; Blütezeit V–IX. Die gelblichweißen oder rötlichvioletten Blüten stehen in einem Doppelwickel, einem Blütenstand, der für die Rauhblattgewächse typisch ist: Jeweils nur ein Seitenzweig übergipfelt die Hauptachse und zwar abwechselnd nur der linke oder der rechte. Bezeichnend ist die schneckenförmige Einrollung dieser Blütenstände (vgl. Grafik). Krone 1,5 cm lang, mit sehr langen Schlundschuppen. Die bis 25 cm langen, lanzettlichen Blätter laufen mit ihrem Blattgrund meist weit am Stengel herab. Stengel aufrecht, ästig, steifhaarig. **Standort:** Feuchte Wiesen (Bach-)Ufer, Gräben, Auenwälder, Moorwiesen; bis 1000 m. **Verbreitung:** Eurasiatisch.

Die bis zu 1,80 m tief wurzelnde Licht- bis Halbschattenpflanze gilt als Nährstoffzeiger. Fliegen und Bienen bestäuben die Blüten, (z. T. auch Selbstbestäubung); die einsamigen Klausenfrüchte (vgl. Grafik) werden durch Ameisen verbreitet. Der Artname bringt die pharmazeutische Bedeutung zum Ausdruck: Die Wurzeln des Gewöhnlichen Beinwells wurden früher als Heilmittel nach Knochenbrüchen verwendet; heute werden die Inhaltsstoffe zur Herstellung von Salben (Wundbehandlung, Pleuritis, manche Rheumatismen) genutzt.

Echtes Lungenkraut

Pulmonaria officinalis

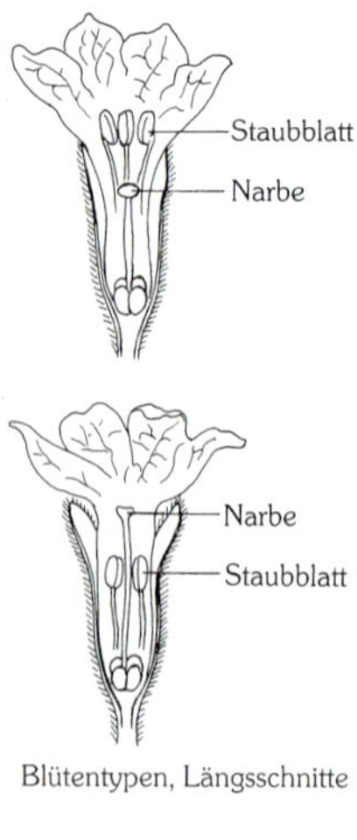

Blütentypen, Längsschnitte

Merkmale: 15–30 cm; Blütezeit III–V. Mehrjährige Pflanze mit zunächst roten, später blauen Blüten (Farbwechsel vgl. Natternkopf S. 72). Kronröhre mit 5 Haarbüscheln anstatt der Schlundschuppen, länger als der Kelch. Spreite der Grundblätter nichtblühender Triebe herzförmig-abgerundet, plötzlich in den Stiel verschmälert; obere Stengelblätter oval, stengelumfassend. Stengel und Blütenstiele mit Borsten- und Drüsenhaaren besetzt. **Standort:** Laubwälder, Gebüsche; im Gebirge bis 1700 m. **Verbreitung:** Nahezu im gesamten europäischen Bereich, jedoch mit kontinentaler Tendenz.

Die wärmeliebende Halbschattenpflanze wird insbesondere von Hautflüglern (Hummeln und Bienen) bestäubt; wie bei der Schlüsselblume (vgl. S. 62) liegt Heterostylie vor (s. Grafik). Die Verbreitung der einsamigen Bruchfrüchte (Klausen) erfolgt durch Ameisen. Bereits der Name deutet an, daß das Echte Lungenkraut früher als Heilpflanze bei Erkrankungen der Luftwege Verwendung fand.

Nachtschattengew.
Solanaceae

Tollkirsche

Atropa belladonna

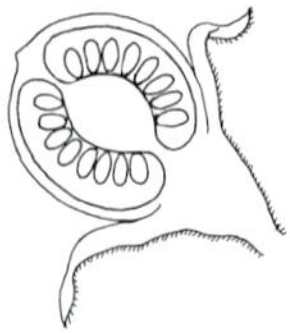

Frucht, Längsschnitt

Frucht mit Kelch

Merkmale: 50–150 cm; Blütezeit VI–VIII. Auffallende, krautige Pflanze mit einzelnen, scheinbar blattachselständigen, violettbraunen, innen schmutziggelben Blüten. Glockenförmige Krone 25–30 mm, mit kurzem 5-lappigem Saum. Der Kelch vergrößert sich zur Reife etwas. Als Frucht tritt eine glänzend schwarze, kugelige, saftige Beere auf (s. Grafik). Oft sind an einer Pflanze gleichzeitig Blüten, grüne und reife Früchte zu beobachten. Blätter eiförmig, zugespitzt, ganzrandig, in den Blattstiel herablaufend, bis 20 cm lang. **Standort:** Kahlschläge, Waldlichtungen, in Laub- und Mischwäldern, an Waldwegen, auf Brandflächen; bis in Höhenlagen von 1700 m; auf Kalk-, Porphyr- und Gneisböden. **Verbreitung:** Mittel- und Südeuropa, in Skandinavien fehlend.

Während die Pflanze selbst lichte bis halbschattige Standorte bevorzugt, können die Samen ausschließlich im Licht keimen. Die Blüten werden von Hummeln bestäubt; für die Verbreitung der lackartig glänzenden Beeren sorgen Vögel, auf die offenbar die gefährliche Giftwirkung keinen Einfluß hat. Die Beeren enthalten wie die gesamte Pflanze die Alkaloide Atropin, Hyoscyamin und Hyoscin, die beim Menschen Pupillenerweiterung und Lähmungserscheinungen hervorrufen und meist zum Tode führen. In geringeren Dosen werden diese Stoffe heute noch als Anregungsmittel medizinisch verwendet. Früher setzte man die Pflanze sogar als Schönheitsmittel ein, u. a. zum Bleichen der Haut, zur Entfernung von Sommersprossen sowie bewußt zur Pupillenerweiterung durch die Wirkung des Atropins! Darauf bezieht sich auch der wissenschaftliche Artname (*belladonna* = schöne Frau).

Bittersüßer Nachtschatten

Solanum dulcamara

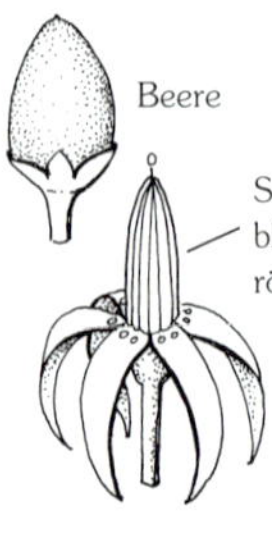

Merkmale: 30–200 cm; Blütezeit VI–VIII. Pflanze halbstrauchig; Stengel am Grund verholzt, niederliegend und oft kletternd. Blätter meist ungeteilt, eiförmig-lanzettlich, die obersten meist spießförmig oder geöhrt. Blüten (dunkel-)violett, in doldig-traubiger Infloreszenz; Krone 5-teilig, flach ausgebreitet, 1 cm breit; Staubbeutel gelb, zu kegelförmiger Röhre verwachsen (Grafik). Beeren eiförmig, glänzend scharlachrot (Grafik). **Standort:** Ufer, Weidengebüsch, Erlenwälder, Auenwälder, Gräben, Hecken (Schleiergesellschaften); bis 1700 m. **Verbreitung:** Fast ganz Europa.

Die Pflanze wurde schon im 16. Jh. verwendet (als Blutreinigungsmittel, bei Ekzemen und Asthma). Die Heilwirkung beruht auf Saponinen und meist giftigen Alkaloiden.

Braunwurzgewächse
Scrophulariaceae

Kleinblütige Königskerze

Verbascum thapsus

(Foto oben links)

Merkmale: 20–170 (200) cm; Blütezeit VII–IX. Blütenkrone hellgelb, 15–22 mm breit, weit-trichterförmig; Blüten zu je 2–5 büschelig gehäuft in dichten, drüsig-behaarten Trauben. Obere 3 Staubfäden weißwollig, die 2 unteren kahl oder locker-haarig, etwa 3- bis 4-mal so lang wie ihre kurz herablaufenden Staubbeutel. Stengelblätter schwach gekerbt, gelbfilzig, bis zum nächstunteren Blatt herablaufend. **Standort:** Ruderalstellen (Bahndämme, Schuttplätze, Ufer); Waldränder und -schläge. **Verbreitung:** Europa, Westasien.

Die Pflanze enthält Schleimstoffe und Saponine. Nitrifizierungszeiger.

Gewöhnliches Leinkraut

Linaria vulgaris

(Foto unten links)

Merkmale: 20–70 cm; Blütezeit VI–X. Unverwechselbare Pflanze mit schwefelgelben Blüten in reichblütigem, verlängertem Blütenstand. Die Schlundhöcker sind auffallend orange gefärbt und dienen als sogenannte Saftmale den Insekten zur Auffindung des Nektars. Sporn ziemlich gerade; Blüten ohne Sporn 16–22 mm lang, mit Sporn 22–30 mm. Blätter wechselständig, dichtstehend, linealisch bis lanzettlich, blaugrünlich. Kapselfrüchte mehr als doppelt so lang wie der Kelch; Samen breit geflügelt. **Standort:** Sonnige, offene Unkrautfluren; Straßengräben, Wege, Bahngelände, Schuttplätze, Steinbrüche, Äcker und Kahlschläge. **Verbreitung:** Ganz Europa außer Portugal.

Roter Fingerhut

Digitalis purpurea

(Foto rechts)

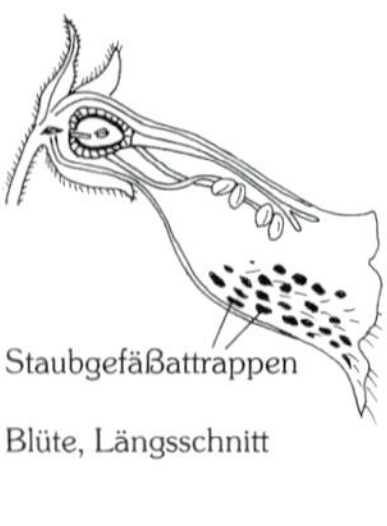

Blüte, Längsschnitt

Merkmale: 50–150 cm, Blütezeit VI–VIII. Auffällige Waldpflanze mit 4–6 cm langen, purpurroten oder auch weißen Blüten; diese sind außen kahl, innen bärtig und durch dunkelrote, weiß umrandete Flecke gekennzeichnet. Kelchzipfel spitz, breitoval; Deckblätter etwa so lang wie die Blütenstiele. Blüten nickend in einseitswendiger, stark verlängerter Traube. Blätter 15–30 cm lang, eiförmig-lanzettlich; oberseits grün, flaumig-behaart, unterseits graufilzig. Länge der Blattstiele von unten nach oben abnehmend. **Standort:** Kahlschläge, an Waldwegen und auf Waldlichtungen; vorzugsweise auf kalkarmen Lehmböden. **Verbreitung:** Subatlantische Art mit Schwerpunkt des Areals in Westeuropa. Die östliche Arealgrenze wird im Südwesten Polens erreicht.

Die auffälligen Flecken im Schlund der Röhrenblüten werden als »Staubgefäßattrappen« (vgl. Grafik) gedeutet, die die Attraktivität der Blüten für Insekten steigern. Schon seit langer Zeit ist der Rote Fingerhut als Arzneipflanze bekannt und auch heute noch wird der Art große pharmazeutische Bedeutung beigemessen. Aus den Blättern wird das Digitalin, ein Herz- und Kreislaufmittel gewonnen. Giftig!

Braunwurzgewächse
Scrophulariaceae

Wiesen-Augentrost

Euphrasia rostkoviana

Merkmale: 5–25 cm; Blütezeit VI–X. Blüten weiß, mit mehr oder weniger violetter Oberlippe und gelbem Unterlippenfleck, 10–15 mm lang. 4 Staubblätter; Kelch 4-zähnig. Blätter knapp 1 cm lang, gegenständig, ungestielt, eiförmig-länglich, wie der gesamte Blütenstand dicht drüsenhaarig. Stengel unterhalb der Mitte verzweigt. **Standort:** Magerrasen, Berg-, Heide- und Moorwiesen, Schafweiden; bis 2300 m Höhe. **Verbreitung:** Schwerpunkt in Mittel-, West- und Südeuropa.

Der Wiesen-Augentrost ist ein Halbschmarotzer, der zwar noch selbst durch Fotosynthese Energie zum Aufbau organischer Stoffe gewinnt, jedoch die Wurzeln anderer Pflanzen anzapft, um in den Besitz von Wasser und Nährsalzen zu gelangen. Die Heilwirkung der Pflanze wird heute noch bei Augenleiden genutzt.

Gamander-Ehrenpreis

Veronica chamaedrys

Fruchtkapsel

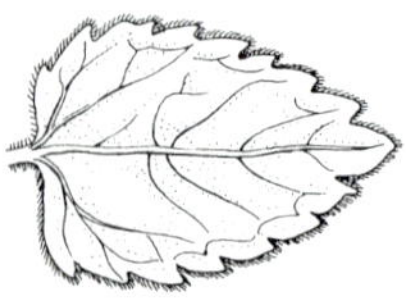

Gamander-Ehrenpreis

Persischer Ehrenpreis

Merkmale: 10–30 cm; Blütezeit IV–VIII. Typisches Erkennungsmerkmal ist der 2-zeilig behaarte Stengel. Blätter (Grafik) gegenständig, höchstens kurz gestielt, gekerbt; Blüten himmelblau, in wenigblütigen, blattachselständigen Trauben. Blütenkronblätter 4, leicht abfallend, dunkel geadert; Kelchblätter 4, Staubgefäße 2. Fruchtkapsel (Grafik) 3-eckig und kürzer als der Kelch. **Standort:** Säume von Hecken und Gebüschen, Wiesen, Wegraine, Waldränder und lichte Trockenwälder; bis in Höhen von 2200 m. **Verbreitung:** Ganz Europa, Schwerpunkt in westlichen Gebieten.

Der Gamander-Ehrenpreis ist eine Licht- bis Halbschattenpflanze, doch werden nur im Licht, nicht aber an schattigen Standorten Blüten ausgebildet. Für die Bestäubung sorgen vor allem Bienen und Fliegen; Ameisen verbreiten die Samen.

Verwandte heimische Arten können je nach der Anordnung der Blüten in 3 Gruppen eingeteilt werden:

1. Blüten in seitlichen Ähren oder Trauben (Gamander- und Wald-Ehrenpreis).
2. Blüten in endständigen Trauben oder Ähren (Feld-, Frühlings- und Dreiteiliger Ehrenpreis).
3. Blüten einzeln in den Blattachseln (Persischer, Acker- und Glänzender Ehrenpreis).

Braunwurzgewächse
Scrophulariaceae

Zottiger Klappertopf

Rhinanthus alectorolophus

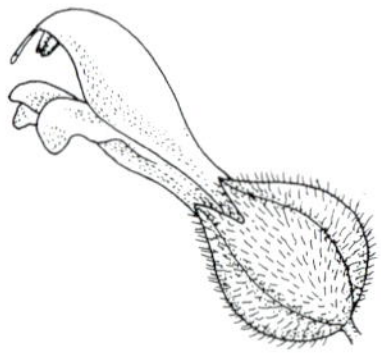

Merkmale: 10–80 cm; Blütezeit V–IX. Stengel, Deckblätter und Kelch zottig behaart. Stengelblätter eiförmig-lanzettlich, scharf gesägt; Deckblätter mit gleichmäßigen Zähnen. Blüten 20 mm lang; Kronröhre nur schwach gekrümmt, Schlund der Blütenkrone geschlossen. **Standort:** Halbtrockenrasen, mäßig frische Fettwiesen; Äcker; bis in Höhenlagen von 2300 m. **Verbreitung:** Europa; im Norden von Nordfrankreich bis Weißrußland; im Süden von Norditalien bis Slowenien.

Der Name »Klappertopf« erklärt sich dadurch, daß die Samen in den dürren Kapseln bei Windeinwirkung »klappern«. Die Arten der Gattung *Rhinanthus* sind Halbschmarotzer (vgl. nächste Art). Sie enthalten das zumindest für Insekten giftige Glykosid Aucubin. Für die Bestäubung sind Hummeln verantwortlich.

Wiesen-Wachtelweizen

Melampyrum pratense

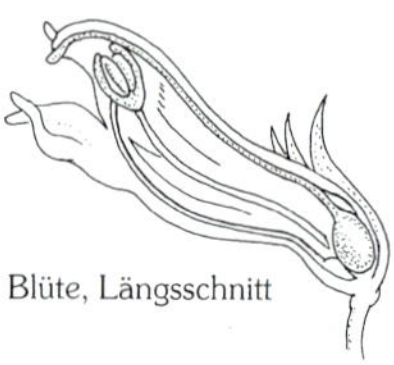

Blüte, Längsschnitt

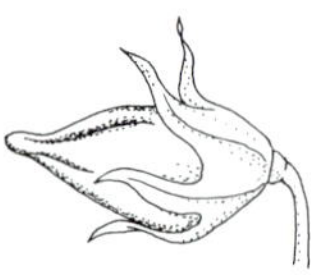

Frucht mit Kelch

Merkmale: 10–40 cm; Blütezeit V–IX. Zahlreiche Unterarten umfassende Art mit gelblichweißer, langröhriger, 2-lippiger Krone; Kronröhre gerade, 12–20 mm lang. Staubblätter 4, in die Oberlippe der Krone eingeschlossen. Kelchzähne lanzettlich-pfriemlich, kürzer als die halbe Kronröhre (vgl. Grafik). Blüten fast waagrecht von der Infloreszenzachse abstehend; in einseitswendiger, lockerer Ähre. Blätter breit-lanzettlich. **Standort:** Gebüsche, Säume, Wald- und Wiesenränder, Heiden, bodensaure Wälder; kalkmeidend; bis 2100 m. **Verbreitung:** Fast ganz Europa und Westasien.

Bei der Gattung Wachtelweizen *(Melampyrum)* handelt es sich um Halbschmarotzer (Hemiparasiten), die nur bezüglich ihrer Wasser- und Nährsalzversorgung auf Wirtspflanzen angewiesen sind, selbst also noch Fotosynthese betreiben können. Ihre Wurzeln sind durch Haustorien (= spezielle Saugorgane) mit den Wurzeln ihrer grünen Wirte (oft Gräser) verbunden. Die Bestäubung geschieht durch Hummeln; Arten, deren Rüssel zu kurz ist, um an den Nektar zu gelangen, betreiben »Nektarraub«, indem sie die Kronröhre von außen aufbeißen. Die Verbreitung der Früchte (Grafik) erfolgt durch Ameisen.

Lippenblütengew.
Lamiaceae

Kriechender Günsel

Ajuga reptans

(Foto oben links)

Merkmale: 15–30 cm; Blütezeit IV–VII. Blüten blau, selten rötlich oder weiß, in dichten, zylindrischen Bütenständen. Oberlippe fehlend (höchstens kurz 2-lappig); Unterlippe groß, 3-lappig (vgl. Grafik); Blütenkronröhre innen mit Haarring. Blätter gekreuzt-gegenständig, ungeteilt, eiförmig-länglich, ganzrandig oder schwach gezähnt; Grundblätter rosettig, spatelförmig, lang gestielt. Oberirdisch kriechende Ausläufer. **Standort:** Wiesen, Raine, Gebüsche, Wälder; bis etwa 1700 m. **Verbreitung:** Laubwaldgebiete West- und Mitteleuropas, nördliches Mittelmeergebiet; auch in Skandinavien heimisch.

Gundermann

Glechoma hederacea

(Foto oben rechts)

Merkmale: 15–60 cm; Blütezeit III–VI. Mehrjährige Pflanze mit niederliegenden, an den Knoten wurzelnden Stengeln. Blüten (Grafik) zu 2–3 in Halbquirlen, blauviolett, gestielt; Oberlippe flach. Staubblätter und Griffel länger als die Blütenkronröhre; Kelch regelmäßig 5-zähnig. Tragblätter dunkelpurpurn. Blätter gestielt, rundlich-nierenförmig, gekerbt, oberseits glänzend, unterseits mattgrün bis rötlich. **Standort:** Wiesen, Hecken, Wegränder, Mauern, Auenwälder; gern am Fuß von Bäumen. **Verbreitung:** Ganz Europa und Teile Asiens.
Die Art zählt zu den alten Heilpflanzen; sie fand als Husten, als Wundheilmittel und als Wurmmittel Verwendung.

Weiße Taubnessel

Lamium album

(Foto unten links)

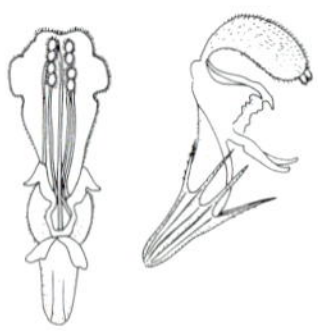

Merkmale: 20–60 cm; Blütezeit IV–X. Pflanzen mit großen (20–25 mm), weißen Blüten (zu 5–8 in blattachselständigen Scheinquirlen). Kronröhre innen mit schrägem Haarring, länger als der Kelch, gekrümmt, Oberlippe behaart (vgl. Grafik). Blätter gekreuzt-gegenständig, lang zugespitzt, scharf gesägt, gestielt, 3–7 cm lang. Die Pflanze bildet unterirdische Ausläufer. **Standort:** Wegränder, Zäune, Mauern, Gräben, Hecken, Viehläger, Schuttplätze; typische Ruderalpflanze. **Verbreitung:** Eurasiatisch.
Die Weiße Taubnessel ist Zeigerpflanze für stickstoffhaltige Böden. Sie enthält neben ätherischem Öl Schleim- und Gerbstoffe; die Blüten werden zu Heilzwecken verwendet.

Gefleckte Taubnessel

Lamium maculatum

(Foto unten rechts)

Merkmale: 20–80 cm; Blütezeit IV–XI. Blüten 20–30 mm lang, purpurn; Unterlippe dunkel gefleckt, mit großem, 2-teiligem Mittellappen und 2 kleinen Seitenlappen; Kronröhre gekrümmt, mit purpurnem Haarring. Blätter bis zu 8 cm lang; sehr lang gestielt (4 cm). **Standort:** Wälder, vor allem Waldränder, Hecken, Straßengräben, Unkrautsäume sowie Hochstaudenfluren; bis 2000 m. **Verbreitung:** Kontinentale Bereiche Eurasiens, nicht in Nordeuropa.
Verbreitung der Klausenfrüchte durch Ameisen.

Lippenblütengew.
Lamiaceae

Goldnessel

Lamiastrum galeobdolon
Syn.: *Galeobdolon luteum*

(Foto oben links)

Merkmale: 30–60 cm; Blütezeit IV–VII. Mehrjährige Pflanze mit goldgelben Blüten (meist je 6 in blattachselständigen Scheinquirlen). Unterlippe mit 3 spitzen Zipfeln, rötlich bis bräunlich gefleckt. Kronröhre 20 mm lang, außen behaart. Blätter gekreuzt-gegenständig, gestielt, herz-eiförmig, kerbig gesägt, spärlich behaart. Sterile Triebe wachsen bogenförmig dem Boden zu und bilden kriechende Ausläufer. **Standort:** Schattige Wälder, Gebüsche, auch Auenwälder. **Verbreitung:** Nahezu ganz Europa.
Bienen sind die Hauptbestäuber dieser Pflanze.

Weicher Hohlzahn

Galeopsis pubescens

(Foto oben rechts)

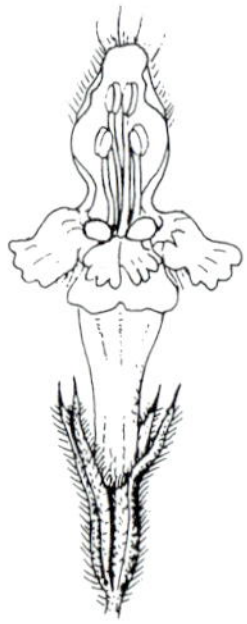

Merkmale: 20–60 cm; Blütezeit VI–X. Einjährige Pflanze mit 18–25 mm langen Blüten; die meist (dunkel)rote Blütenkronröhre ist mehr als doppelt so lang wie der Kelch und besitzt einen gelben Schlund. Die 2 kegelförmigen Ausstülpungen an der Basis der Unterlippe (vgl. Grafik) haben der Gattung den Namen gegeben. Stengelknoten wenig verdickt, nur spärlich mit abstehenden Borsten und lang gestielten Drüsen besetzt; mehr oder weniger anliegend kurzhaarig. Blattgrund herzförmig. Die Pflanze ist in der Regel doppelt verzweigt. **Standort:** Weg- und Ackerränder, Gebüsche, Waldlichtungen, Kahlschläge; auf nährstoffreichen Ton- und Lehmböden; bis 1600 m. **Verbreitung:** Fast ganz Europa mit Schwerpunkt in den gemäßigt-kontinentalen Regionen.
Die Bestäubung der Blüten erfolgt vorwiegend durch Insekten; als Fruchtverbreitungsmechanismus tritt Klettverbreitung auf.

Kleine Braunelle

Prunella vulgaris

(Foto unten)

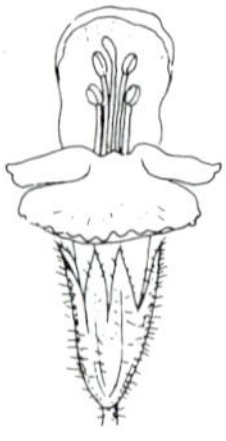

Merkmale: 5–30 cm; Blütezeit VI–IX. Mehrjährige Pflanze mit blauvioletten, 7–15 mm langen Blüten und purpurnen Tragblättern. Kelch ungleich 2-lippig, etwa halb so lang wie die Blüte; Blütenröhre gerade. Blätter 15–30 mm lang, länglich-eiförmig, schwach behaart, gestielt. Aufrechte oder aufsteigende, schwach behaarte Stengel. Die Pflanze besitzt kurze, kriechende Ausläufer. **Standort:** Grasplätze, z. B. Parkrasen, Schaf- und Fettweiden; Waldwege, auch Ufer; in den Alpen bis 2200 m. **Verbreitung:** Hauptsächlich im nördlichen und mittleren Eurasien, in gemäßigten Zonen jedoch weltweit.
Hinsichtlich der Fruchtverbreitung stellt man die Braunelle in die Gruppe der Regenballisten (vgl. Acker-Hellerkraut, S. 32). Alte Heilpflanze.

Lippenblütengew.
Lamiaceae

Wiesen-Salbei
Salvia pratensis

Merkmale: 30–60 (80) cm; Blütezeit IV–VIII. Mehrjährige Pflanze mit blauvioletten, selten rosafarbenen oder weißen Blüten; diese sind 20–25 mm lang, etwa dreimal so lang wie der etwas unregelmäßig gezähnte Kelch. Blütenstand drüsig behaart. Tragblätter grün, zurückgebogen, kürzer als der Kelch. Blätter unregelmäßig gekerbt, etwas runzelig, vorwiegend in grundständiger Rosette, untere gestielt, obere sitzend. **Standort:** Sonnig-trockene Biotope: Wegränder, Raine, Böschungen, Grasplätze, Halbtrocken- und Kalkmagerrasen; bis 1600 m. **Verbreitung:** Gemäßigt-kontinentale Art; vom nördlichen Mittelmeergebiet über ganz Mitteleuropa bis Skandinavien (in Nordeuropa eingebürgert).

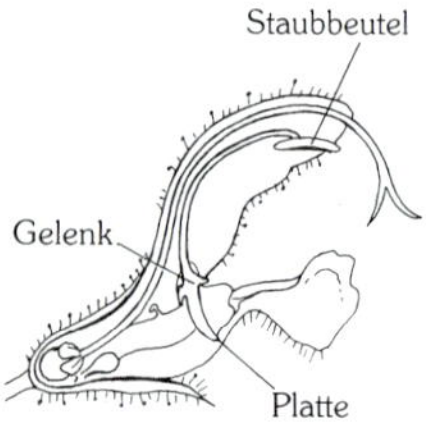

Blüte, Längsschnitt

Neben der Klebverbreitung der Früchte ist vor allem die Bestäubung interessant; der berühmte »Schlagbaummechanismus« wurde bereits von Christian Konrad Sprengel (1750–1816), einem Begründer der Blütenökologie, beschrieben: Die zuerst männlichen Blüten besitzen nur 2 Staubblätter, die zu einem wirkungsvollen Hebelapparat umgestaltet sind. Am vorderen, längeren Hebelarm befindet sich jeweils nur eine fruchtbare Staubblatthälfte, der kürzere, hintere Arm ist verbreitert und bildet mit dem entsprechenden Abschnitt des anderen Staubblattes eine Platte (vgl. Grafik). Die bestäubenden Hummeln müssen gegen diese Platte drücken, um zum Nektar zu gelangen. Durch die Hebelwirkung werden die längeren Enden hinabgebogen und streifen den Pollen auf dem Rücken des Tieres ab. Von dort gelangt der Pollen auf die ebenfalls weit herausragenden Narben der älteren (dann weiblichen) Blüten. Die Fremdbestäubung ist gesichert!

Wald-Ziest
Stachys sylvatica

Merkmale: 30–100 cm; Blütezeit VI–IX. Blüten dunkelpurpurn, selten rosa, doppelt so lang wie der Kelch, in einer blattlosen Scheinähre; jeweils zu 4–10 in Scheinquirlen stehend. Blätter gekreuzt-gegenständig, herz-eiförmig zugespitzt, gesägt; vor allem die unteren lang gestielt; insgesamt nesselartig. Der aufrechte Stengel ist oben drüsig, die ganze Pflanze dicht abstehend behaart. Beim Zerreiben entsteht ein widerlicher Geruch. **Standort:** Feuchte Laubmischwälder, Gebüsche, Auenwälder, Schluchtwälder, an Ufern und Waldwegen. Feuchte stickstoffreiche Böden werden bevorzugt. Bis in Höhen von 1700 m. **Verbreitung:** Ganz Europa; nur in Island fehlend.

Glockenblumengew.
Campanulaceae

Rundblättrige Glockenblume

Campanula rotundifolia

(Foto oben links)

Blüte, Längsschnitt

Grundblätter

Merkmale: 10–50 cm; Blütezeit VI–IX. Lockerrasige Pflanze mit reichblütigen, lockeren Blütenrispen. Blütenknospen aufrecht, erst kurz vor der Blüte nickend, gestielt. Blüten 10–20 mm lang, hellblau; Kronblätter bis etwa zu einem Drittel in eiförmige Zipfel gespalten (vgl. Grafik). Kelchzipfel pfriemlich, Kelchbuchten ohne Anhängsel. Stengelblätter schmal-linealisch, meist kahl. Wichtig für eine genaue Bestimmung sind die rundlichen, herz-nierenförmigen Grundblätter (vgl. Grafik), die jedoch zur Blütezeit meist bereits verwelkt sind. Stengel am Grund feinflaumig behaart. **Standort:** Magerrasen, Heiden, Grasplätze, Wiesen, Wegränder, trockene Wälder, Felsspalten, Dünen; bis 2500 m. **Verbreitung:** Ganz Europa (außer Portugal und Türkei).

Bei der Bestäubung (Bienen) kommt ein für Glockenblumen typischer Mechanismus zur Wirkung, der normalerweise eine Selbstbestäubung verhindert – die sogenannte Vormännlichkeit: Zunächst reifen die Staubblätter heran, die nektarsuchenden Insekten beladen sich mit reifem Pollen und übertragen ihn auf Blüten, die sich schon im fortgeschrittenen, weiblichen Stadium befinden. Das unterschiedliche zeitliche Heranreifen von männlichen und weiblichen Blütenorganen garantiert somit eine Fremdbestäubung.

Wiesen-Glockenblume

Campanula patula

Grundblätter

Merkmale: 20–60 cm; Blütezeit V–VIII. Blütenstand locker schirmrispig bis armblütig; Seitenäste schlaff, mehr oder weniger gebogen, dadurch Blüten nickend, Krone lila, trichterförmig; Kronzipfel 5, bis zur Mitte gespalten, Kapselfrucht. Seitliche Blütenstiele über der Mitte mit 2 Hochblättern; Grundblätter kurz gestielt, länglich, von Stengelblättern kaum verschieden (vgl. Grafik). **Standort:** Frische, nährstoffreiche Fettwiesen, Gebüsche und ihre Säume; bis in Höhen von 1400 m. **Verbreitung:** Nahezu ganz Europa.

Die Blüten wenden sich dem Licht zu (sonnenwendig, Lichtpflanze!); sie sind vormännlich (s. o.) und werden hauptsächlich von Bienen bestäubt.

Nesselblättrige Glockenblume

Campanula trachelium

(Foto unten)

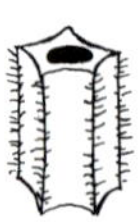

Stengel

Merkmale: 40–100 cm; Blütezeit VII–IX. Blüten in allseitswendiger Traube, blaulila, 30–40 mm lang, an den Kronzipfeln gewimpert. Blütenstiele an der Basis mit 2 Vorblättern. Blätter grob doppel-gesägt; Grundblätter lang gestielt, herz-eiförmig, steifhaarig. Stengel (Grafik) scharfkantig, ebenfalls steifhaarig. **Standort:** Gebüsche, lichte, krautreiche Laubwälder; Hecken, Waldschläge; bis 1700 m. **Verbreitung:** Europa und Westasien.

Korbblütengewächse
Asteraceae

Wiesen-Schafgarbe
Achillea millefolium

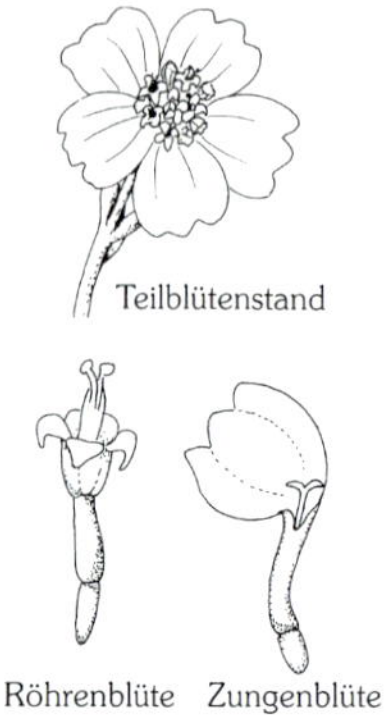

Merkmale: 15–80 cm; Blütezeit VI–X. Mehrjährige, kräftige, aromatisch riechende Pflanze, deren Blütenköpfe in dichten Doldenrispen stehen. Jedes Blütenköpfchen außen mit weißen, rosa oder rötlichen Zungenblüten, innen mit gelblichweißen Röhrenblüten (vgl. Grafik). Hüllblätter mit bräunlichschwarzem Rand, länglich. Blätter wechselständig, regelmäßig doppelt fiederteilig, mit kurzen, linealischen, spitzen Zipfeln. Stengel aufrecht, beblättert. **Standort:** Wiesen, Weiden, Grasplätze, Halbtrockenrasen, Acker- und Wegränder, Kulturland. In den Alpen bis etwa 1900 m. **Verbreitung:** Fast kosmopolitisch; ganz Europa, im Mediterrangebiet selten.

Die Wiesen-Schafgarbe zählt als Wurzelkriecher zu den Pionierpflanzen. Als Bodenbefestiger, Nährstoffzeiger und Futterpflanze kommt der Art eine gewisse Bedeutung zu. Sie wird vor allem von Schafen gefressen (Name!). Für den Menschen ist sie wegen ihres Gehalts an ätherischen Ölen als Heilpflanze (Tee) bedeutsam. Außerdem enthält der Saft in geringen Mengen Furocumarine; bei hautempfindlichen Menschen können daher Hautreizungen oder -entzündungen auftreten.

Rainfarn
Tanacetum vulgare

Merkmale: 40–120 cm; Blütezeit VII–IX. Köpfchen goldgelb, halbkugelig-abgeflacht, 8–11 mm breit, nur Röhren-, keine Zungenblüten, in Schirmrispen. Frucht 5kantig, ohne Haarkrone (Pappus). Blätter länglich-lanzettlich, fiederschnittig gesägt (Grafik). Stengel kantig, kahl. **Standort:** Unkrautfluren, Schuttplätze, (Bahn-)Dämme; an Wegen und Ufern; auch an Waldrändern und auf Kahlschlägen; bis in Höhenlagen von 1000 m. **Verbreitung:** Eurasien; in den kühl-gemäßigten Zonen heute inzwischen weltweit.

Diese insektenblütige Ruderalpflanze ist ein Kulturbegleiter. Wegen ihres Gehaltes an ätherischen Ölen, Kampfer und Borneol wird sie seit langer Zeit als Heilpflanze (Wurmmittel, äußerlich gegen Rheumatismus) und Nutzpflanze (Mottenkraut!) verwendet.

Korbblütengewächse
Asteraceae

Strahlenlose Kamille
Matricaria discoidea

(Foto oben links)

Merkmale: 5–40 cm; Blütezeit V–VIII. Pflanze mit intensivem Kamillengeruch; bezeichnend sind die grünlichgelben, kegelförmigen Blütenköpfe, die keine Zungenblüten aufweisen (Name!). Röhrenblüten 4zähnig. Hüllblätter länglich, kahl, mit breitem, trockenhäutigem Rand. Blätter doppelt bis 3fach gefiedert, mit schmal-linealischen, spitzen Abschnitten. Frucht 4rippig, verschleimend (Klebverbreitung!). **Standort:** Ödland, Schuttplätze, Trittrasen; in Siedlungsnähe. **Verbreitung:** Eine in ganz Europa wohl neu eingebürgerte Art, deren Heimat in Nordostasien liegt. Heilwirkung schwächer als bei der Echten Kamille.

Geruchlose Kamille
Tripleurospermum inodorum

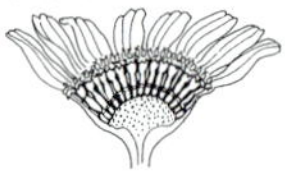

Geruchlose Kamille
Längsschnitt

Echte Kamille
Längsschnitt

Merkmale: 25–80 cm; Blütezeit VI–XI. Blütenkörbchen rispig angeordnet; Blütenboden halbkugelig, markig, ohne Spreublätter (s. Grafik); Zungenblüten 12–20, weiß; Röhrenblüten gelb. Fast geruchlos. Blätter doppelt bis 3fach fiederteilig; Blattzipfel unterseits gefurcht. **Standort:** Unkrautgesellschaften, Schuttplätze, Wegränder und Äcker; bis in mittlere Gebirgslagen (1300 m), in den Alpen fehlend. **Verbreitung:** In gemäßigt-kontinentalen Gebieten. Weit verschleppt; stammt wahrscheinlich aus Westasien.

Die **Echte Kamille** *(Matricaria chamomilla)* unterscheidet sich durch den hohlen Blütenboden (vgl. Grafik) von der hier beschriebenen Art. Die bekannte Heilpflanze enthält besonders in den Blüten ätherische Öle. Bevorzugte Standorte sind Unkrautbestände auf Getreideäckern und an Wegen.

Wiesen-Wucherblume, Margerite
Chrysanthemum leucanthemum

(Foto unten)

Zungenblüte

Röhrenblüte

Merkmale: 20–80 cm; Blütezeit V–IX. Charakteristische Wiesenpflanze mit weißen Zungenblüten und gelben Röhrenblüten ohne Pappus (= »Haarkelch«; vgl. Grafik) in einzelnen, lang gestielten Blütenköpfen. Hüllblätter länglich-lanzettlich, grün, mit bräunlichem, trockenhäutigem Rand. Die oberen Stengelblätter sind kürzer als die Stengelglieder, ungeteilt, spatelförmig, gekerbt-gesägt und halbstengelumfassend; Grundblätter gestielt. **Standort:** Wiesen, Grasplätze, Wegränder, sonnige Abhänge; Felsen; bis in Höhenlagen von über 2300 m. **Verbreitung:** Ganz Europa, Schwerpunkt in den westlichen Gebieten.

Die Wiesen-Wucherblume wird hauptsächlich von Insekten bestäubt (Fliegen, Käfer und Falter), jedoch kommt auch Selbstbestäubung (Autogamie) vor. Die Verbreitung der Früchte erfolgt durch den Wind oder durch Pflanzenfresser (Verdauungsverbreitung).

Korbblütengewächse
Asteraceae

Gänseblümchen
Bellis perennis

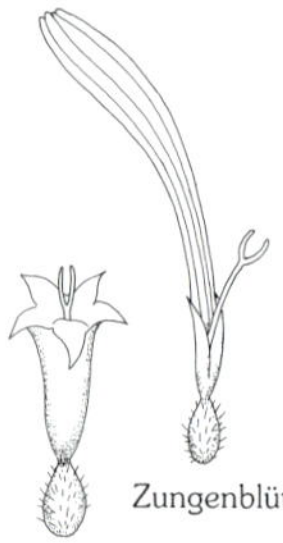

Merkmale: 3–20 cm; Blütezeit II–XI. Mehrjährige Rosettenpflanze mit einzelnen Blütenköpfen auf unbeblätterten Stengeln. Zungenblüten weiß, bisweilen auch rötlich, Röhrenblüten gelb; Hüllblätter stumpf-lanzettlich; Frucht ohne Haarkelch (Pappus; vgl. Grafik). Rosettenblätter spatelförmig bis verkehrt-eiförmig, in den breiten, kurzen Stiel verschmälert. **Standort:** Weiden, Wiesen, Parkrasen, Wegränder; in den Alpen bis in Höhenlagen von 1900 m. **Verbreitung:** Ganz Europa.

Das Blütenkörbchen schließt sich nachts und bei feuchter Witterung. Wie bei vielen anderen Korbblütlern wendet es sich zur Sonne. Für die Bestäubung sind Insekten verantwortlich; die Früchte werden durch den Wind aus den Köpfchen geschüttelt. Man bezeichnet diesen Typ der Windverbreitung (Anemochorie) als »Windstreuer«. Schon seit langem wird das Gänseblümchen als Heilpflanze verwendet (schleimlösende Wirkung; Heilmittel gegen Hauterkrankungen und Leberbeschwerden).

Huflattich
Tussilago farfara

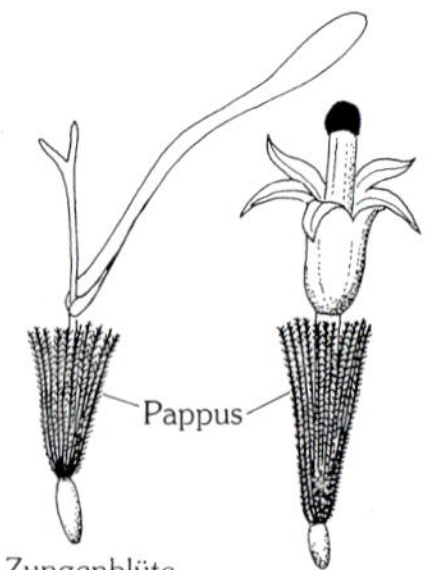

Merkmale: 5–20 (30) cm; Blütezeit II–IV. Die einköpfigen Blütenstengel tragen lediglich Schuppenblätter, die grundständigen Laubblätter (groß, herzförmig, mit graufilziger Unterseite; vgl. Grafik) erscheinen erst nach der Blüte. Die schmalen, gelben Zungenblüten stehen in mehreren Reihen; Frucht mit langem, seidigem Pappus (vgl. Grafik). **Standort:** Schuttplätze, Wegränder, Bahndämme, Kiesgruben, feuchte Äcker, Ufer; Moränen, steinige Matten; bis in Höhen von 2300 m vorkommend. **Verbreitung:** Nord- und Mitteleurasien sowie im nördlichen Mittelmeergebiet; oft weit verschleppt.

Der Huflattich ist eine sehr geschätzte Heilpflanze (Hustenmittel). Bienen und Fliegen bestäuben diesen Frühjahrsblüher; die Fruchtverbreitung erfolgt wie beim Löwenzahn nach dem »Fallschirmprinzip«. Die Samenkeimung ist nur unter Lichteinfluß möglich und wird über ein spezielles Pigmentsystem (Phytochromsystem) gesteuert.

Korbblütengewächse
Asteraceae

Gewöhnliches Greiskraut

Senecio vulgaris

Syn.: Gew. Kreuzkraut

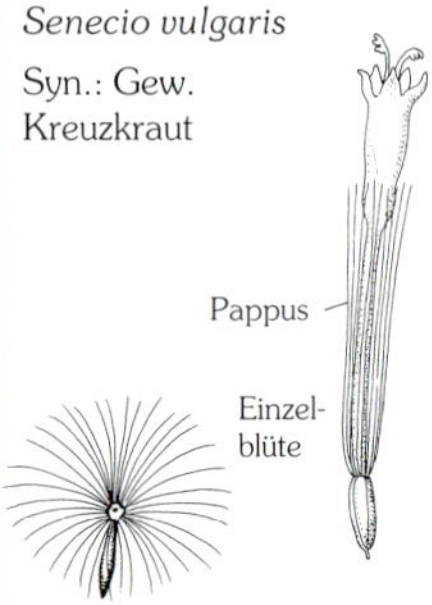

Merkmale: 10–30 cm; Blütezeit II–XI. Kennzeichnend für diese Art sind die fehlenden Zungenblüten (alle anderen bei uns heimischen Greiskraut-Arten haben zumindest sehr kurze Zungenblüten!). Die Außenhülle besteht aus 8–12 kurzen, an der Spitze schwarzen Blättchen. Hüllblätter 21. Frucht etwa 2 mm lang, auf den Rippen flaumig behaart, mit langem, weißem Pappus (vgl. Grafik). Stengelblätter fiederspaltig bis fiederteilig, meist mit geöhrtem Grund stengelumfassend, im allgemeinen kahl. **Standort:** Offene Unkrautfluren, Äcker, Gärten, Schuttplätze, Wege, Mauern, Kahlschläge; bis in Höhenlagen von 1900 m. **Verbreitung:** Ganz Europa; kommt inzwischen nahezu weltweit vor.

Die einjährige Pflanze ist ein alter Kulturbegleiter. Sie gehört zu den wenigen Winterblühern in unserem Gebiet. Normalerweise findet Selbstbestäubung statt, die Verbreitung der Früchte erfolgt durch den Wind oder als Klebverbreitung.

Rote Pestwurz

Petasites hybridus

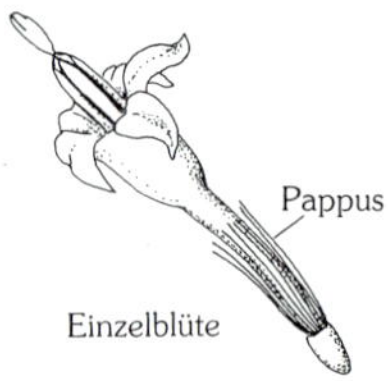

Merkmale: 30–100 cm; Blütezeit III–V. Kräftige, mehrjährige Pflanze, deren Blütenstengel vor den Blättern erscheinen; der große, eiförmige Blütenstand besteht aus zahlreichen dichtstehenden, rotvioletten Blütenköpfen, die ihrerseits bereits Teilblütenstände darstellen. Männliche Blütenköpfe 7–12 mm lang, etwa doppelt so groß wie die weiblichen, die jedoch etwas länger gestielt sind. Hüllblätter rötlich, kahl und stumpf. Besonders typisch sind die riesigen, grundständigen, lang gestielten Blätter (bis 1 m lang und 0,6 m breit; vgl. Grafik). Der oberseits tief gefurchte Blattstiel trägt eine gezähnte, herzförmige Blattspreite mit abgerundeten, basalen Lappen. Blattoberseite grün, kurzhaarig; Unterseite grauwollig, allmählich verkahlend. **Standort:** Naßwiesen; an Ufern kühler, fließender Gewässer, feuchte Wälder und Schluchten; bis 1500 m. **Verbreitung:** Ganz Europa; in Nordeuropa ursprünglich nicht heimisch, inzwischen aber eingebürgert.

Aufgrund der langen kriechenden Rhizome (Erdsprosse) kann die Gewöhnliche oder Rote Pestwurz rasch große Flächen besiedeln. So kommt ihr als Schwemmlandfestiger große Bedeutung zu. Hohe Luftfeuchtigkeit wird für eine optimale Entwicklung benötigt. In ihren Biotopen tritt die Rote Pestwurz häufig als einer der ersten Frühjahrsblüher auf; Bienen fungieren als Bestäuber. Die zylindrischen, behaarten Früchte werden durch den Wind verbreitet. In früherer Zeit fand die Art als Heilpflanze Verwendung (Name!).

Korbblütengewächse
Asteraceae

Filzige Klette
Arctium tomentosum

Einzel-
blüte

Merkmale: 50–120 cm; Blütezeit VII–IX. Blätter herzeiförmig, ohne verlängerte Spitze, unterseits dicht grauweiß filzig. Stiele der Grundblätter markig, oft braunrötlich gefärbt. Blütenköpfe kugelig, dicht spinnwebig-wollig, 1,5–3 cm breit; höchstens äußere Hüllblätter mit hakenförmiger Spitze (Widerhaken!); innere Hüllblätter stumpflich, mit aufgesetzter, kurzer, gerader Stachelspitze, rötlich. Nur Scheibenblüten, purpurn. Frucht 5–6 mm lang, mit kurzem, einfachem Pappus (Grafik). **Standort:** Frische bis trockene Ruderalstellen (Wegränder, Schutt, Zäune, Ufer). **Verbreitung:** Fast ganz Europa und Westasien; selten im Norden und Westen; oft verschleppt.
Fruchtverbreitungsmechanismen: Entweder bleiben die Fruchtstände am Fell von Tieren bzw. an der Kleidung von Menschen hängen und werden auf diese Weise transportiert oder die Hüllblätter verhaken sich an vorbeistreifenden Tieren und katapultieren beim Zurückschnellen die Früchte einzeln aus den Köpfchen (»Tierballisten«); zusätzlich ist Windverbreitung möglich.

Wiesen-Flockenblume
Centaurea jacea

Blüten-
hüllblatt

Wiesen-Flockenblume

Blüten-
hüllblatt

Skabiosen-Flockenblume

Merkmale: 20–80 cm; Blütezeit VI–X. Äußerst variable Pflanze mit etwa 2 cm großen purpurrötlichen Blütenköpfen. Randblüten deutlich strahlig vergrößert. Für die Bestimmung aller Flockenblumen-Arten sind die Hüllblätter bzw. ihre Anhängsel von entscheidender Bedeutung (vgl. Grafiken). Im vorliegenden Fall überdecken die deutlich abgesetzten Hüllblattanhängsel die nachfolgenden Hüllblätter vollständig; sie sind schwarzbraun bis weißlich, ganzrandig oder zerschlitzt-gefranst und rundlich. Frucht behaart, Pappus fehlt. Die sitzenden, lanzettlichen Stengelblätter sind ungeteilt, die basalen dagegen gestielt und gelappt. **Standort:** (Trockene) Wiesen, Magerrasen, Wegränder; Gebüsche. **Verbreitung:** Eurasiatisch.
Bei der Wiesen-Flockenblume sind interessante Staubblattbewegungen zu beobachten: Die Staubblattstiele sind durch den Innendruck (Turgor) ihrer Zellen nach außen gekrümmt. Eine Berührung derselben bewirkt eine rasche elastische Kontraktion, so daß die verwachsene Staubbeutelröhre nach unten gezogen wird und der im Inneren stehende Griffel den Pollen oben aus der Röhre herauspreßt und am Körper der bestäubenden Insekten (insbesondere Bienen) abstreift. Nach einer Erholungsphase wird die Ausgangsstellung wieder hergestellt, die Staubblätter sind erneut reizbar.

Korbblütengewächse
Asteraceae

Silberdistel

Carlina acaulis

geschützt

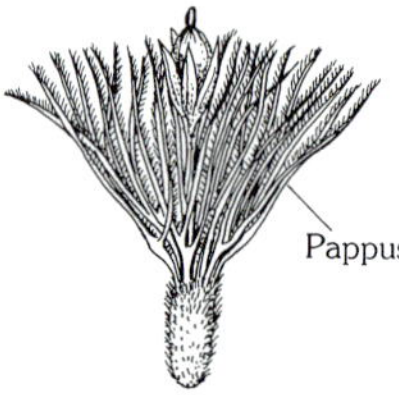

Einzelblüte

Merkmale: 3–30 cm; Blütezeit VII–IX. Stengel meist 1köpfig, niederliegend oder aufsteigend; Köpfchen 4,5–10 cm breit. Innere Blütenhüllblätter silberweiß, 3–4 cm lang (Name!); nur Röhrenblüten (weißlich, bräunlichweiß oder rosa); Pappus 10–15 mm lang; doppelt so lang wie die Frucht (vgl. Grafik). Laubblätter 8–30 cm lang, rosettig gehäuft, deutlich buchtig-fiederteilig, mit dornigstechenden Zipfeln. **Standort:** Magerrasen, submediterrane Halbtrockenrasen, Silikatmagerrasen, Böschungen, lichte Wälder; bis 2300 m, vorzugsweise auf trockenen, steinigen Böden. **Verbreitung:** Europa: Das Areal erstreckt sich von Zentralfrankreich bis Weißrußland und von Zentralspanien bis Nordgriechenland.

Die Silberdistel gehört zu den Weidepflanzen und Weideanzeigern (Extensivweiden); die Bestäubung erfolgt durch Bienen, Hummeln und Käfer, die Fruchtverbreitung durch den Wind oder durch Vögel.

Die Wurzel der Pflanze enthält ätherisches Öl, Inulin und Harz. Früher verabreichte man entsprechende Extrakte als Herzstärkungsmittel, Antirheumaticum sowie zur Verdauungsförderung. Weitere deutsche Namen sind Stengellose Eberwurz oder Wetterdistel. Letzterer ist darauf zurückzuführen, daß die silberweißen Hüllblätter hygroskopische Bewegungen durchführen: Bei feuchter Luft nehmen sie durch Quellungsvorgänge Wasser auf und bewegen sich nach innen (Schließen der »Blüten«), bei Trockenheit breiten sie sich wieder flach nach außen aus.

Kohl-Kratzdistel

Cirsium oleraceum

Merkmale: 50–150 cm; Blütezeit VI–IX. Kräftige, aufrechte mehrjährige Pflanze mit gelblichweißen Blütenköpfen, die stets zu mehreren gehäuft an der Spitze des Stengels stehen, von weichstacheligen, bleichgelben Hochblättern umgeben. Blätter mit breitem Grund stengelumfassend, wie die Hochblätter stachelig bewimpert, ansonsten fast kahl. Untere Blätter lanzettlich, häufig fiederspaltig. Wie bei allen Kratzdistel-Arten (Gattung *Cirsium*) weisen die Früchte einen federigen Pappus auf (vgl. Grafik S. 104); bei den nah verwandten Disteln *(Carduus)* ist dieser einfach. **Standort:** Feuchte Wiesen, Flachmoore, Ufer, Gräben, Auenwälder; bis in Höhenlagen von etwa 2000 m. **Verbreitung:** Kontinentale Gebiete Eurasiens.

Die Kohl-Kratzdistel bevorzugt grundwasserfeuchte Lehmböden und gilt daher in Wiesen als Nässezeiger. Bienen und Falter bestäuben die Blüten, die Früchte werden vom Wind verbreitet. In manchen Gegenden hat die Art als Gemüsepflanze praktische Bedeutung.

Korblütengewächse
Asteraceae

Gewöhnliche Kratzdistel

Cirsium vulgare

Syn.: *C. lanceolatum*

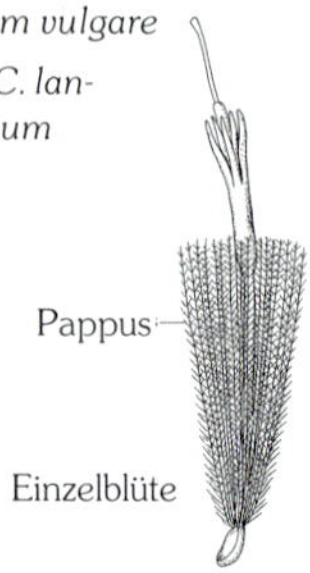

Merkmale: 60–150 (200) cm; Blütezeit VII–IX. Blütenköpfe 2–4 cm breit, jedoch deutlich länger; traubig angeordnet. Röhrenblüten purpurrot bis rötlichviolett, Zungenblüten fehlen. Wesentlichstes Bestimmungsmerkmal sind die tief fiederspaltigen, am Stengel herablaufenden Blätter (vgl. Grafik bei Acker-Kratzdistel), deren Fiederabschnitte deutlich stachelig gezähnt sind und in einen langen, gelben Stachel auslaufen. Daher rührt der zweite Name der Pflanze: Lanzett-Kratzdistel *(C. lanceolatum).* Die Blattunterseite ist im allgemeinen dünn graufilzig. Die länglichen, flachen Früchte besitzen bei den Kratzdisteln im Gegensatz zu den Disteln *(Carduus)* federige Pappushaare (vgl. Grafik). **Standort:** Unkrautgesellschaften an Wegrändern, Ufern, auf Schuttplätzen und Waldschlägen; bis etwa 1400 m. **Verbreitung:** Ganz Europa; die Massenverbreitung liegt im europäischen Westen.
Zeigerpflanze für Nitrat und Lehmböden.

Acker-Kratzdistel

Cirsium arvense

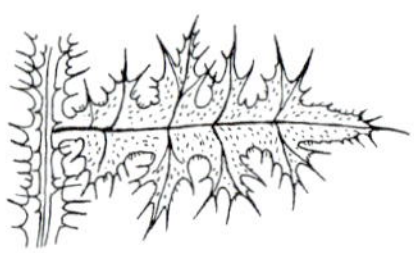

Merkmale: 50–120 cm; Blütezeit VII–IX. Stengel meist reich beblättert und verzweigt mit zahlreichen Blütenköpfen. Die schmutzig-lilafarbenen Blütenköpfe setzen sich aus (z. T. eingeschlechtigen) bis zum Grund 5teiligen Blüten zusammen und sind etwa 2–3 cm lang. Die Haarkrone der Frucht (Pappus) erreicht zuletzt eine Länge von 20–30 mm. Blätter nicht oder kaum am Stengel herablaufend, tief gelappt bis ungeteilt-buchtig, stachelig gewimpert (s. Grafik); unterseits graugrün, kaum wollig. **Standort:** Unkrautgesellschaften auf Schuttplätzen, Äckern, Kahlschlägen, an Wegen und Ufern; bis 2000 m. **Verbreitung:** Ganz Europa; auf der nördlichen Hemisphäre weit verschleppt.
Die Acker-Kratzdistel ist einer der ältesten Kulturbegleiter und ein widerstandsfähiges Acker»unkraut«. Tiefwurzler (bis 3 m Tiefe!). Zeigerpflanze für Stickstoff u. Lehmböden. Windverbreitung.

Kohl-Gänsedistel

Sonchus oleraceus

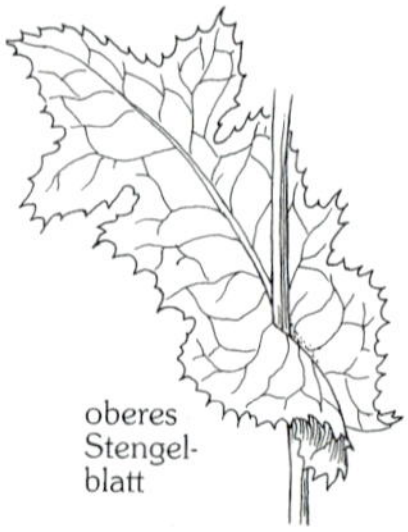

Merkmale: 30–100 cm; Blütezeit VI–X. Einjährige Pflanze mit meist ästigem Stengel. Blütenköpfe hellgelb, 20–25 mm breit; Hülle 10–15 mm, kahl, nicht drüsig! Frucht querrunzelig, beiderseits 3rippig; Pappushaare 2reihig (!). Stengelblätter (Grafik) weich, glanzlos, meist buchtig-fiederschnittig, am Rand borstlich gezähnt; an der Basis mit abstehenden, zugespitzten Öhrchen (wichtiges Bestimmungsmerkmal zur Unterscheidung von verwandten Arten!). **Standort:** Unkrautfluren an Wegen, Mauern; Schuttplätze, Gärten, Äcker. **Verbreitung:** Fast ganz Europa; in gemäßigten Zonen inzwischen weltweit.
Kulturbegleiter.

Korbblütengewächse
Asteraceae

Gewöhnliche Wegwarte
Cichorium intybus

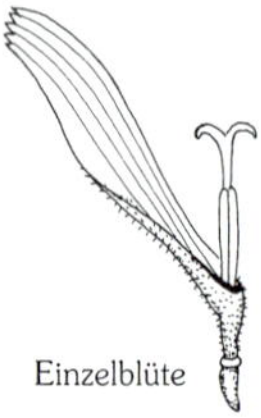
Einzelblüte

Merkmale: 25–120 cm; Blütezeit VII–IX. Mehrjährige Pflanze mit großen (3–4 cm), blauen Blütenköpfen, die ausschließlich aus Zungenblüten (Grafik) bestehen. Die meist sitzenden Blütenköpfe werden von grünen, drüsenhaarigen Hüllblättern umgeben; die abstehenden äußeren sind etwa halb so lang wie die anliegenden inneren. Pappus nur schuppenförmig. Grundblätter tief fiederspaltig, unterseits borstig behaart; Stengelblätter länglich-lanzettlich. Stengel sparrig-ästig, kurzborstig. **Standort:** Wegränder, Schuttplätze, Äcker, Weiden; bis 1000 m. **Verbreitung:** Ganz Europa, vor allem in den westlichen Gebieten; in gemäßigten Zonen weltweit.

Die Gewöhnliche Wegwarte gehört zu den typischen Kulturbegleitern. Die Blüten sind im allgemeinen tagsüber von 6 bis 11 Uhr geöffnet. Während dieser Zeit erfolgt die Bestäubung durch Schwebfliegen und Bienen. Seit dem Altertum ist die Wegwarte eine bekannte Heil- und Nutzpflanze. Die getrockneten Wurzeln liefern den Kaffee-Ersatz (Zichorie); als Salatpflanze kommt der verwandten Art *Cichorium endiviva* (Endiviensalat) ungleich größere Bedeutung zu.

Wiesen-Löwenzahn
Taraxacum officinale

(Foto unten)

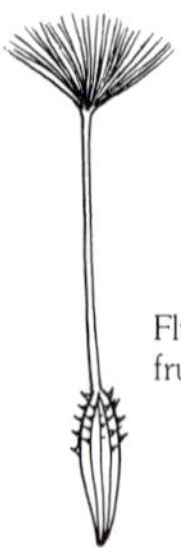
Flugfrucht

Merkmale: 10–50 cm; Blütezeit IV–X. Rosettenpflanze mit ausschließlich grundständigen, schrotsägeförmig gezähnten bis fast ganzrandigen Blättern (äußerst variabel). Stengel hohl, kahl, bleich und milchsaftführend. Große, gelbe Blütenköpfe mit stets zurückgeschlagenen äußeren Hüllblättern; Pappus aus einfachen weißen Haaren (vgl. Foto S. 14). Wächst zur Fruchtreife lang aus und bildet die bekannten »Fallschirmflieger«. **Standort:** Fettwiesen, Weiden, Äcker, Unkrautfluren, Wegränder; im Gebirge bis 2800 m. **Verbreitung:** Nordisch-eurasiatisch.

Der Löwenzahn bildet einen Frühjahrsaspekt (vgl. S. 36) der Wiesen; er dient als Bienenweide und wird als Salat- (junge Blätter) und Heilpflanze verwendet. Die bis 2 m tief wurzelnde Pionierpflanze (Pfahlwurzel) ist außerordentlich widerstandsfähig und verfügt über flexible Anpassungsstrategien. Sie kann sogar ohne Befruchtung in ihren Samenanlagen Embryonen bilden.

Liliengewächse
Liliaceae

Herbst-Zeitlose

Colchicum autumnale

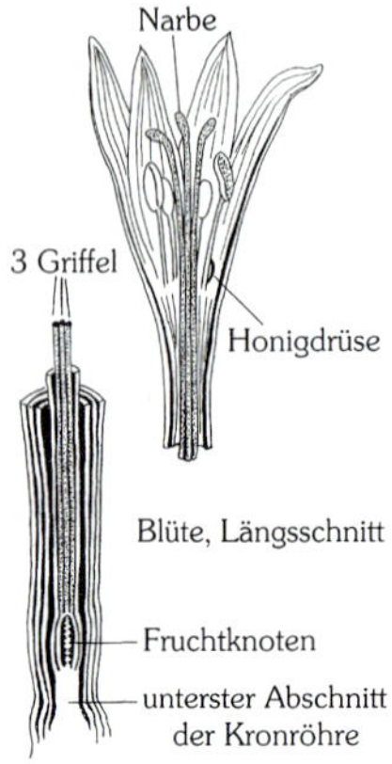

Merkmale: 5–20 cm; Blütezeit VIII–XI. Interessante Pflanze mit abnormem Lebenszyklus: Im Herbst treten die einzelnen blaßvioletten Blüten auf. Blütenblätter länglich, zu einer bis zu 20 cm langen Blütenröhre verwachsen; 3 Griffel, gleichfalls bis 20 cm lang (vgl. Grafik). Zur Blütezeit existieren keine Blätter, diese erscheinen erst im Frühjahr zusammen mit den Fruchtkapseln (vgl. Grafik). Blätter breit-lanzettlich, glänzend grün, 15–20 cm lang, meist in Dreizahl; sie hüllen die basale Fruchtkapsel teilweise ein. Die unterirdische, bis 7 cm lange Sproßknolle speichert Reservestoffe für die folgende Generation. **Standort:** Feuchte Wiesen, Auenwälder; bis in Höhenlagen von 2000 m. **Verbreitung:** Zentraleuropäische Art mit Verbreitungsschwerpunkt in West- und Mitteleuropa sowie im nördlichen Mittelmeergebiet.

Aufgrund der extrem langen Griffel (s. Grafik), die von den Pollenschläuchen durchwachsen werden müssen, da der Fruchtknoten unter der Erde liegt, vergeht eine relativ lange Zeitspanne zwischen Bestäubung und Befruchtung. Die Pollenkörner müssen vom Griffelgewebe ernährt werden, um überleben zu können! In jedem Herbst entsteht seitlich neben der alten Sproßknolle eine neue, aus der sich der junge Blütensproß bildet. Während des Frühjahrs und Sommers werden Reservestoffe gebildet, die für die nächste Vegetationsperiode zur Verfügung stehen. Durch die seitliche Knollenbildung wird eine stets gleiche Tiefenlage im Boden gewährleistet. Insbesondere die Knolle der Herbst-Zeitlose liefert das stark giftige Colchicin, das zu den Alkaloiden gehört und aus den Aminosäuren Phenylalanin und Tyrosin synthetisiert wird. Medizinisch wird das Colchicin zur Behandlung von Gicht und Rheuma verwendet.

Bären-Lauch

Allium ursinum

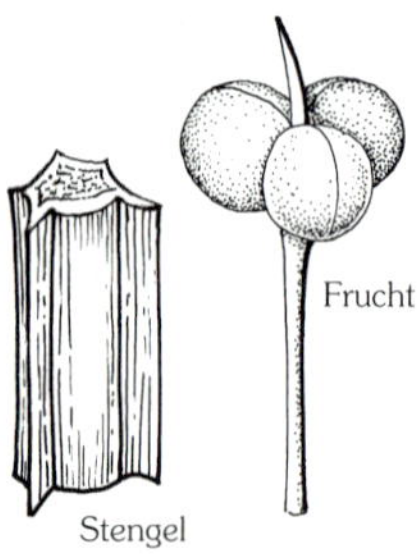

Merkmale: 15–50 cm; Blütezeit IV-VI. Pflanze intensiv nach Knoblauch riechend. Blätter meist zu 2, grundständig, deutlich gestielt (Stiel bis 15 cm lang), eiförmig bis lanzettlich, 2–5 cm breit. Stengel 3kantig (Grafik). Blüten reinweiß, in vielblütiger Scheindolde (diese besitzt im Gegensatz zu anderen Lauch-Arten keine Brutzwiebeln); Blüten- und Staubblätter je 6. Charakteristische 3-teilige Früchte (Grafik). **Standort:** Feuchte, edelholzreiche Wälder, Bergmisch- und Auenwälder. **Verbreitung:** Fast ganz Europa.

Die Art tritt meist bestandsbildend auf und zeigt Grundwassernähe oder einen Wasserzug an. Die Verbreitung der Samen erfolgt durch den Wind und durch Ameisen.

Liliengewächse
Liliaceae

Türkenbund-Lilie

Lilium martagon

geschützt

(Foto links)

Kapselfrucht

Schuppenzwiebel

Merkmale: 30–120 cm; Blütezeit VI–VIII. Blüten turbanartig, fleischrot bis hell-braunrot (sehr selten weiß), dunkel gefleckt. Blütenstand traubig mit 3–12 nickenden Blüten. Die Blütenhüllblätter sind stets zurückgerollt. Griffel und Narbe ragen weit aus der etwa 4 cm breiten Krone heraus. Aus dem Fruchtknoten entwickelt sich eine Kapselfrucht (s. Grafik). Blätter elliptisch-lanzettlich, zumindest in der Stengelmitte zu 3–9 quirlig angeordnet. Gelbe Schuppenzwiebeln (s. Grafik) dienen als Speicherorgane der Überwinterung und der Bereitstellung von Nährstoffen für das folgende Jahr. **Standort:** Krautreiche Laub- und Nadelwälder, Bergwälder und -wiesen, Gebüsche; Hochstaudenfluren bis in Höhen von 2000 m. Die Pflanze bevorzugt nährstoffreiche und kalkhaltige Böden. **Verbreitung:** Nahezu ganz Europa; in Skandinavien nur eingebürgert.

Hyazinthengewächse
Hyacinthaceae

Kleine Traubenhyazinthe

Muscari botryoides

gefährdet, geschützt

(Foto oben rechts)

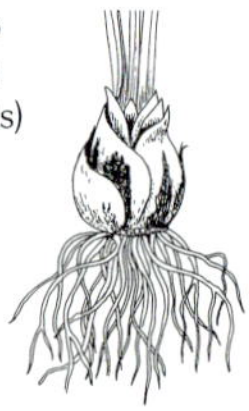

Merkmale: 10–25 cm; Blütezeit IV–V. Kegelförmige Blütentraube mit 15–20 kugelig-eiförmigen bis krugförmigen, überhängenden blauen Blüten mit schmalem, weißem Saum. Wichtigstes Bestimmungsmerkmal im vegetativen Bereich sind die 2–3 steif-aufrechtstehenden Blätter. Sie sind grundständig, 4–8 mm breit (nach oben hin etwas verbreitert) und ungefähr so lang wie der Blütenstengel. **Standort:** Magerrasen, Bergwiesen, auch in Eichenwäldern; Weinberge. Die Art bevorzugt trockene Hanglagen und lehmige Substrate. **Verbreitung:** Mittel- und Süd- sowie vor allem Südosteuropa; Kleinasien. Heimat Mittelmeerraum, in nördliche Regionen verschleppt.

Licht- bis Halbschattenpflanze und Zeigerpflanze für Lehmböden. Wie die meisten anderen Liliengewächse gehören die Traubenhyazinthen zu den Geophyten (Zwiebel s. Grafik).

Maiglöckchengewächse
Convallariaceae

Vielblütige Weißwurz, Salomonssiegel

Polygonatum multiflorum

(Foto unten rechts)

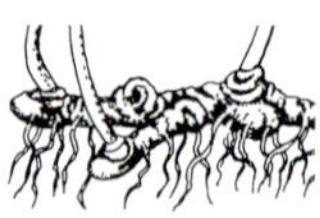

Rhizom

Merkmale: 30–60 cm; Blütezeit IV–VI. Blütenstand gebogen, einseitswendig. Blüten zu 2–5 in den Achseln eines Tragblattes; Blütenhülle röhrig-glockig, 6-zähnig, weiß, mit grünem Saum. Staubfäden behaart. Blätter zweizeilig-wechselständig, ausgebreitet, eiförmig, 5–12 cm lang. Ein wichtiges Erkennungsmerkmal ist der runde Stengel. **Standort:** Schattige Stellen in Laubwäldern und Gebüschen; insbesondere auf Kalkböden; bis 1800 m. **Verbreitung:** Eurasien, vor allem in der Mitte und im Süden.

Die Vielblütige Weißwurz wird meist von Hummeln bestäubt, die bläulichschwarzen Beerenfrüchte werden von Tieren verbreitet. Die Pflanze ist giftig und wird noch heute als Heilpflanze verwendet. Der Name Salomonssiegel bezieht sich auf die Narben der Vorjahrstriebe am Rhizom.

Maiglöckchengewächse
Convallariaceae

Schattenblume
Maianthemum bifolium

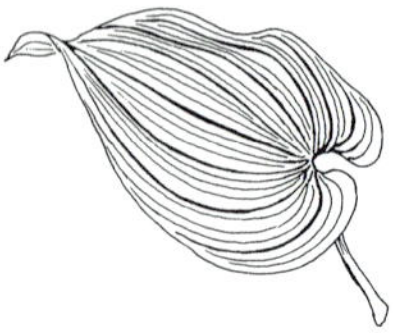

Beerenfrucht

Merkmale: 5–15 cm; Blütezeit IV-VI. Mehrjährige Pflanze mit traubigen Blütenständen; Blüten klein, reinweiß, 4zählig, mit verwachsenblättriger Blütenhülle, in endständiger Traube. Im Gegensatz zum Maiglöckchen sind die Blütenstengel beblättert (2 kurz gestielte herzförmige Blätter; s. Grafik); nichtblühende Pflanzen tragen lediglich 1 Blatt. Pflanze mit langem, kriechendem Rhizom (Erdsproß). Beerenfrucht (Grafik) kirschrot, kugelig (6 mm). **Standort:** Schattige, humusreiche Laub- und Nadelwälder, insbesondere auf sauren Böden. **Verbreitung:** Fast ganz Europa. Aus dem Fehlen der Art auf der Iberischen Halbinsel, in Island und Irland, sowie im Südbalkan und in Kleinasien wird ersichtlich, daß es sich hier um eine eher nordische, kontinentale Verbreitung handelt. Die Pflanze zählt sogar zu den Arten mit zirkumpolarer Verbreitung.

Bereits im Namen kommt das Verhalten gegenüber dem Lichtfaktor zum Ausdruck; außerdem weisen die Angaben zum Standort auf einen Versauerungszeiger hin. Die Bestäubung der Blüten erfolgt durch Insekten, die Fruchtverbreitung durch verschiedene Tierarten. Die Schattenblume enthält wie das Maiglöckchen (s. u.) giftige Glykoside.

Maiglöckchen
Convallaria majalis

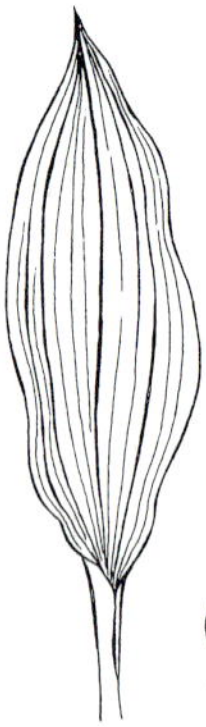

Fruchtstand

Merkmale: 12–20 cm; Blütezeit V–VI. Mehrjährige Pflanze, mit einseitswendigen Blütentrauben. Der blattlose Blütenstengel wird von den 2–3 elliptischen, lang gestielten Laubblättern (s. Grafik) scheidig eingehüllt. Blütenhülle verwachsenblättrig, breitglockig, 5–8 mm lang, weiß, mit 6 kurzen, zurückgebogenen Zipfeln. Blüten mit charakteristischem Duft. Der Fruchtstand (s. Grafik) trägt rote Beeren. **Standort:** Licht Laubwälder (Eichen, Buchen) und Gebüsche, vor allem auf Kalk; bis in Höhenlagen von 1900 m. **Verbreitung:** Eurasien mit Schwerpunkt in den west- und mitteleuropäischen Laubwaldgebieten.

Die wärmeliebende Halbschattenpflanze wird im wesentlichen von Insekten bestäubt, in vielen Fällen führt jedoch Selbstbestäubung zum Fruchtansatz. Die Beerenfrüchte werden von Tieren verbreitet. Das Maiglöckchen gehört zu den giftigen Arten der Liliengewächse: Es enthält vor allem in Blüten und Blättern stark giftige Glykoside, die zur Behandlung von Herzkrankheiten verwendet werden, ähnlich wie das Digitalin des Roten Fingerhuts *(Digitalis purpurea)*.

Amaryllisgewächse
Amaryllidaceae

Frühlings-Knotenblume, Märzenbecher

Leucojum vernum

gefährdet, geschützt

Merkmale: 10–30 cm; Blütezeit II–IV. Der blattlose Stengel trägt meist 1, selten 2 glockenförmige, hängende weiße Blüten (15–25 mm), die einen wohlriechenden Duftstoff produzieren. Alle Perigonblätter sind hier (im Gegensatz zum Schneeglöckchen) nahezu gleich lang und laufen in eine stumpfe, gelbgrüne Spitze aus. Der Blütenstiel wird etwa 3–4 cm von einer 1blättrigen, häutigen Blattscheide überragt. Bis zu 5 dunkelgrüne, linealische Blätter. Zwiebeln (Grafik). **Standort:** Insbesondere Auenwälder und Schluchtwälder (Laubmischwälder); auch auf feuchten Wiesen. Bevorzugt nährstoffreiche, etwas kalkhaltige, feuchte Böden; bis 1300 m. **Verbreitung:** Vor allem Mittel- und Südeuropa mit gemäßigt-kontinentaler Tendenz.
Die Blüte der Frühlings-Knotenblume zeigt im nördlichen Alpenvorland den Vorfrühlingsbeginn an. Giftig.

Schwertliliengew.
Iridaceae

Wasser-Schwertlilie

Iris pseudacorus

geschützt

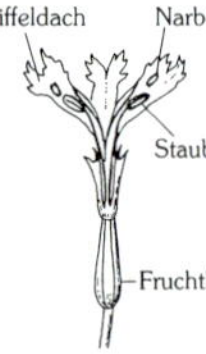

»Blüte«, Perigonblätter entfernt

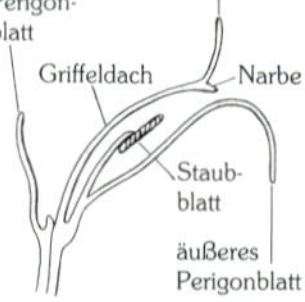

Merkmale: 50–120 cm; Blütezeit V–VII. Bei den Schwertlilien enthält jede Blüte 3 Lippenblumen, die sich aus je einem Griffeldach (verbreiterte Griffel) sowie einem äußeren und inneren Perigonblatt zusammensetzen (vgl. Grafiken). Die vorliegende Art ist durch leuchtend gelbe Blüten gekennzeichnet, deren äußere Blütenhüllblätter breit, oval bis rundlich, an der Basis braun geadert und nicht bärtig sind (wichtiges Bestimmungsmerkmal!). Die inneren Blütenhüllblätter sind schmal-lineal sowie viel kürzer und schmaler als die Griffeläste. Blüten etwa 10 cm lang mit grünen Hochblättern. Die 10–30 mm breiten und ca. 1 m langen Blätter haben durch ihre Schwertform der gesamten Familie den Namen gegeben. Stengel rundlich bis elliptisch, im allgemeinen 1- bis 5blütig. Kapselfrucht. **Standort:** Im Verlandungsbereich stehender und fließender Gewässer, im Schilfgürtel oder mit Großseggen vergesellschaftet; in Auenwäldern, Wald- und Wiesensümpfen, an Gräben; nasse, schlammige und zeitweise überschwemmte Böden werden bevorzugt. **Verbreitung:** Ganz Europa sowie Nordafrika und Vorderasien.
Die Wasser- oder Sumpf-Schwertlilie ist giftig; sowohl die Blätter als auch die Rhizome enthalten Giftstoffe, die insbesondere dem Vieh abträglich sind. Gerbstoffe der Rhizome werden zum Gerben und medizinisch genutzt.

Knabenkrautgewächse
Orchidaceae

Frauenschuh

Cypripedium calceolus

gefährdet, geschützt

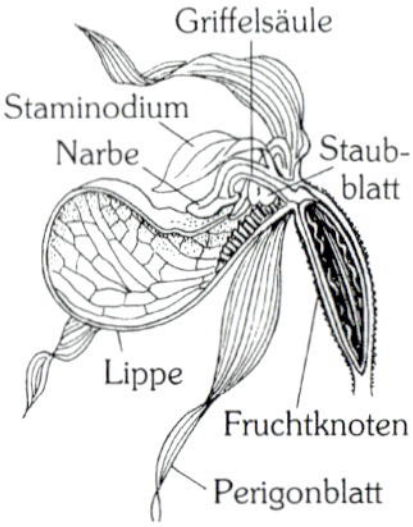

Merkmale: 20–50 cm; Blütezeit V–VI. Die aufrechten, beblätterten Stengel der mehrjährigen Pflanze tragen 1–2 (sehr selten 3) Blüten, die einen Durchmesser von 6–9 cm erreichen können. Charakteristisch ist die meist kräftig gelbe, pantoffelartig aufgeblasene Lippe (= inneres Perigonblatt, bis zu 40 mm lang), die von 4 purpur- bis schokoladenbraunen äußeren Perigonblättern umgeben wird (vgl. Grafik). Kapselfrucht. Laubblätter 3–5, breit oval bis elliptisch, zugespitzt mit kräftigen Adern. Blattspreite kurz behaart. Der Frauenschuh besitzt keine Knollen, sondern Rhizome. **Standort:** Lichte Laub- und Nadelmischwälder, Gebüsche; auf kalkhaltigen Lehm- und Tonböden; bis 1500 m. **Verbreitung:** Vorwiegend in Nord- und Mitteleuropa; in westlichen und südöstlichen Bereichen fehlend. Die schuhförmige Lippe stellt eine Gleitfalle dar, in der sich durch den Glanz angelockte Insekten verfangen. Beim Verlassen durch eine schmale, seitliche Öffnung bestäuben sie die Blüten.

Weißes Waldvöglein

Cephalanthera damasonium

geschützt

(Foto unten links)

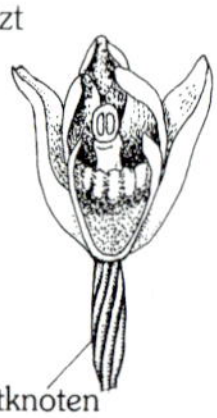

Merkmale: 20–60 cm; Blütezeit V–VII. Blüten 3–10 in lockerer Ähre, creme- bis gelblich-weiß, ungestielt, 15–20 mm lang. Bei dem vermeintlichen Blütenstiel handelt es sich um den (gedrehten) Fruchtknoten. Er ist kahl und meist deutlich kürzer als die Tragblätter der Blüten (vgl. Grafik). Blütenhüllblätter stumpflich, dicht zusammengeneigt; Lippe kürzer als die übrigen Blütenhüllblätter herzförmig bis oval. Blätter länglich-oval, zugespitzt, in lockerer Anordnung; 5–10 Blattnerven. **Standort:** Buchenwälder, Laubmischwälder, Trockenwälder, Gebüsche, auch Kiefernbestände; nährstoffreiche, steinige Lehmböden, insbesondere auf Kalk (!). **Verbreitung:** In weiten Bereichen Europas, vor allem in gemäßigten und südlichen Regionen.

Breitblättrige Sumpfwurz

Epipactis helleborine

geschützt

(Foto unten rechts)

Merkmale: 30–100 cm; Blütezeit VI–IX. Blütenstand bis 30 cm lang; einseitswendige Traube mit 15–30 nickenden Einzelblüten. Blütenhüllblätter oval-lanzettlich; grün, meist etwas trübrot überlaufen, manchmal purpurn. Lippe deutlich kürzer als die anderen Blütenhüllblätter; ihr vorderes Glied stellt eine breite (breiter als lang!), etwa herzförmige Platte dar, deren Farbe zwischen Purpurrot, Rosa und Grünlichweiß variiert. Ferner besitzt die Lippe an der Basis 2, selten 3 glatte Höcker. Laubblätter in spiraliger Stellung, untere rundlich, bis 8 cm breit; obere lanzettlich bis linealisch. Mittlere Stengelblätter länger als die entsprechenden Stengelabschnitte, stengelumfassend. **Standort:** Mischwälder, Gebüsche; vorzugsweise auf nährstoffreichen, lehmigen Böden; bis etwa 1400 m. **Verbreitung:** Ganz Europa.

Knabenkrautgewächse
Orchidaceae

Zweiblättrige Kuckucksblume, Waldhyazinthe

Platanthera bifolia

geschützt

(Foto links)

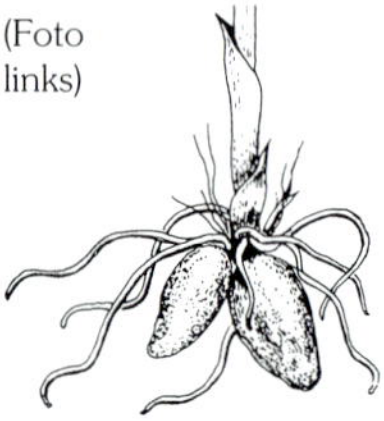

Wurzelknollen

Merkmale: 15–45 cm; Blütezeit V–VII. Blütenstand langgestreckt, fast zylindrisch, traubig. Blüten vor allem nachts stark duftend, weiß. Äußere Perigonblätter abstehend, innere einen Helm bildend. Die Lippe ist ungeteilt und linealisch. Besonders auffallend wirkt der lang-fadenförmige, gleichmäßig dünne Sporn, dessen Länge (25–30 mm) das 1,5- bis 2fache des Fruchtknotens erreicht. Nahe der Basis besitzt die Pflanze 2 (selten 3) große, dunkelgrün-glänzende, verkehrt-eiförmige Blätter (Name!), die übrigen Stengelblätter sind sehr klein. Wurzelknollen (vgl. Grafik). **Standort:** Lichte Wälder und Gebüsche, Magerrasen; auch in Nadelgehölzen. Kalkhaltige Böden werden bevorzugt; bis 2000 m. **Verbreitung:** Ganz Europa, große Teile Asiens und Nordafrikas.

Der lange Sporn, der tief liegende Nektar (in der Spornspitze!) und die auffällige Duftstoffproduktion weisen auf eine Bestäubung durch langrüsselige Nachtfalter hin. Die Duftdrüsen liegen in großer Anzahl auf der ganzen Lippe und auf den vorderen Rändern der beiden seitlichen inneren Blütenhüllblätter.

Großes Zweiblatt

Listera ovata

geschützt

(Foto rechts)

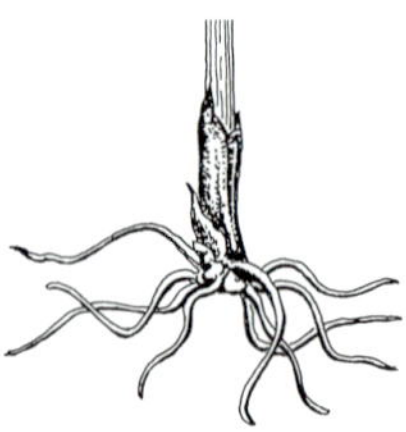

Rhizom

Merkmale: 20–60 cm; Blütezeit V–VII. Stengel in Bodennähe (zur Blütezeit unterhalb der Mitte) mit 2 ungestielten, gegenständigen Blättern, die durch ihre Größe (5–18 cm), ihre breit-ovale Form und die deutlich hervortretenden Nerven auffallen (Name!). Blütenstand lang-traubig mit grünlichgelben Einzelblüten. Neben den grünen, zusammenneigenden äußeren Blütenhüllblättern findet sich eine bandförmig-linealische, gelbliche Lippe (10–15 mm lang). An der Spitze ist sie tief 2spaltig, doch fehlen basale Seitenlappen (vgl. Grafik). Blüten ohne Sporn. Kriechende Rhizome ermöglichen die Überwinterung (vgl. Grafik). **Standort:** Laubmischwälder (auch Nadelwälder), Waldränder und -wiesen, Gebüsch, Auenwälder; auf nährstoffreichen, lehmigen Böden; kalkliebend; bis 1800 m. **Verbreitung:** Ganz Europa außer Portugal; Teile Westasiens.

Das Große Zweiblatt ist an Biotope mit einem mittleren Lichtangebot angepaßt (Halbschatten- bis Lichtpflanze). Die Bestäubung der Blüten erfolgt vor allem durch Schlupfwespen und Käfer.

Knabenkrautgewächse
Orchidaceae

Nestwurz, Vogelnest-Orchis

Neottia nidus-avis

geschützt

(Foto links)

Blüte

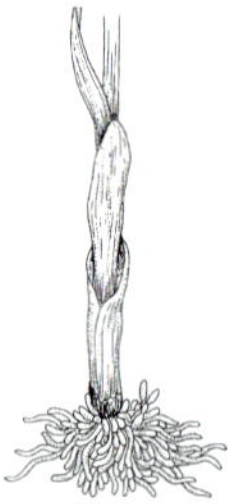

Rhizom

Merkmale: 15–45 cm; Blütezeit V–VII. Pflanze gelbbraun ohne grüne Laubblätter; der Stengel trägt nur scheidenartige, braungelbe Schuppenblätter. Blüten 10–30, hellbraun, locker abstehend. Die bis zu 12 mm langen äußeren Blütenhüllblätter neigen sich helmartig zusammen, die an der Spitze 2lappige, ungespornte Lippe verbreitert sich am Grund und weist dort eine Vertiefung auf (vgl. Grafik). Deutscher und wissenschaftlicher Name rühren von dem eigenartigen Rhizom her, das durch seine eng verflochtenen, fleischigen Wurzeln einen nestartigen Eindruck erweckt (s. Grafik). **Standort:** Hauptsächlich Buchenwälder, auch Eichenmischwälder oder seltener Nadelwälder. Die Art bevorzugt kalkhaltige Lehmböden; im Gebirge bis in Höhen von 1400 m. **Verbreitung:** Ganz Europa; Westasien.

Die Reduktion der Laubblätter zu Schuppen und der Mangel bzw. das vollständige Fehlen der grünen Blattfarbstoffe (Chlorophylle) lassen erkennen, daß es sich hier um eine sogenannte heterotrophe Pflanze handelt, die nicht in der Lage ist, auf dem Wege der Fotosynthese organische Verbindungen aufzubauen. Bei der Nestwurz liegt eine Symbiose zwischen ihren Wurzeln und Pilzen (Mykorrhiza) vor. Dieses Zusammenleben geht vor allem auf Kosten des Pilzes, von dem die Nestwurz die benötigten organischen Substanzen bezieht.

Mücken-Händelwurz

Gymnadenia conopsea

geschützt

(Foto rechts)

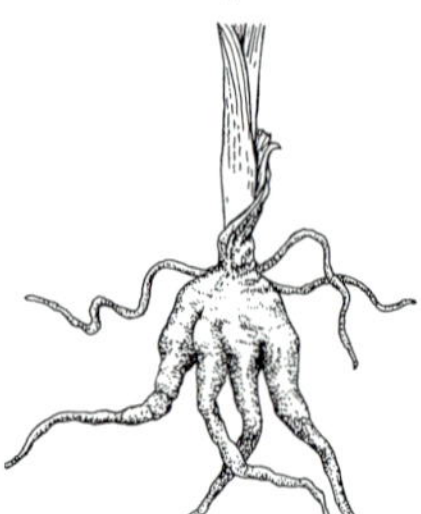

Wurzelknolle

Merkmale: 20–60 cm; Blütezeit VI–VIII. Blüten rosa bis purpurviolett, selten weiß, in einer verlängerten, zylindrischen, vielblütigen Ähre. Sporn nahezu doppelt so lang wie der Fruchtknoten; Lippe mit 3 stumpflichen, ovalen Lappen (vgl. Grafik). Äußere Blütenhüllblätter weit abstehend. Tragblätter so lang wie der Fruchtknoten (vermeintlicher Blütenstiel). Die Blüten duften schwach nelkenartig bis unangenehm. Am Blütenschaft befinden sich 6–9 aufrecht stehende, lanzettliche Blätter. Der Name der Pflanze rührt von den handförmig geteilten Wurzelknollen her (s. Grafik). Aus den Wurzelknollen entwickelt sich der Sproß des folgenden Jahres, während die alte Knolle abstirbt. **Standort:** Magerrasen, Trockenwiesen, Sandgruben; Flachmoore, lichte Wälder, Böschungen; vor allem auf kalkhaltigen Lehmböden. Bis 2200 m. **Verbreitung:** Ganz Europa, gemäßigte Breiten Asiens.

Bestäubung der lang gespornten Blüten (Nektar in der Spornspitze!) durch Tagfalter.

Knabenkrautgewächse
Orchidaceae

Breitblättriges Knabenkraut

Dactylorhiza majalis

gefährdet, geschützt

(Foto oben links)

Merkmale: 20–50 cm; Blütezeit V–VII. Blüten purpurrot bis lilafarben, selten weiß. Lippe 3teilig, breit-keilförmig mit intensiver dunkelroter Zeichnung in Form von Schleifen. Seitenlappen meist herabgeschlagen. Blätter 4–6, trüb-dunkelgrün, meist dunkelbraun gefleckt. Blattspreite der unteren Blätter in der Mitte am breitesten. Blätter kurzscheidig, schlaff abstehend. **Standort:** Feuchte Wiesen, Quellsümpfe, Flachmoore, Gräben; auf nährstoffreichen, schwach sauren Böden; bis 1700 m. **Verbreitung:** Fast ganz Europa und Westasien.

Geflecktes Knabenkraut

Dactylorhiza maculata

gefährdet, geschützt

(Foto oben rechts)

Merkmale: 15–50 cm; Blütezeit V–VIII. Blüten hell purpurn, rosa- oder hell lilafarben bis weißlich, mit abstehenden seitlichen Hüllblättern und einem dünnen, bis 8 mm langen, nach rückwärts gerichteten Sporn. Lippe mit 2 breiten, abgerundeten seitlichen und einem deutlich kleineren mittleren Lappen (s. Grafik). Blüte, vor allem Lippe mit purpurnen Flecken bzw. Linien. Die grünen Hochblätter sind etwa so lang wie der gedrehte Fruchtknoten. Markiger Stengel mit 6–10 meist braun gefleckten Blättern (Name!); die unteren sind länglich-lanzettlich, die oberen schmallinealisch. **Standort:** Lichte Wälder, Waldwiesen, Magerrasen, Flachmoore; auf feuchten nährstoffarmen Böden; bis 2000 m. **Verbreitung:** Ganz Europa; weite Teile Asiens, Nordafrika.

Helm-Knabenkraut

Orchis militaris

gefährdet, geschützt

(Foto unten links)

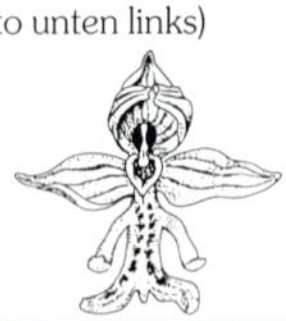

Merkmale: 20–45 cm; Blütezeit V–VI. Blütenhüllblätter blaßrosa, helmartig zusammenneigend (Name!). Lippe blaßpurpurn, in der Mitte weißlich, mit dunkelroten, behaarten Papillen; ihr Mittellappen ist an der Basis nahezu doppelt so breit wie die langen, schmalen Seitenlappen und am Ende in 2 Zipfel gespalten (s. Grafik). Der zylindrische, abwärts gerichtete Sporn erreicht nur die halbe Fruchtknotenlänge. Laubblätter elliptisch bis länglich, nach oben hin etwas schmaler werdend. **Standort:** Grasige, trockene Hänge, Magerrasen; lichte Wälder. Kalkliebend; bis 1800 m. **Verbreitung:** Mittel- und Südeuropa.

Männliches Knabenkraut, Stattliches Kn., Kuckucks-Kn.

Orchis mascula

geschützt

(Foto unten rechts)

Merkmale: 20–50 cm; Blütezeit V–VI. Blüten purpurrot. Seitliche, äußere Perigonblätter nahezu rechtwinkelig zurückgeschlagen, die beiden inneren erreichen nicht die Länge des mittleren äußeren Blütenhüllblattes. Lippe tief 3lappig, mit gezähnten, breiten Lappen (s. Grafik). Sporn zylindrisch, nach rückwärts gerichtet etwa so lang wie der Fruchtknoten. Blätter oft mit schwarzpurpurner Punktierung oder Fleckung. **Standort:** Buschige Wiesen, Magerrasen, Heiden, lichte Laubwälder; bevorzugt SW-Hänge und kalkreiche Lehmböden. **Verbreitung:** Ganz Europa; Vorderasien, Nordafrika.

Gefleckter Aronstab

Arum maculatum

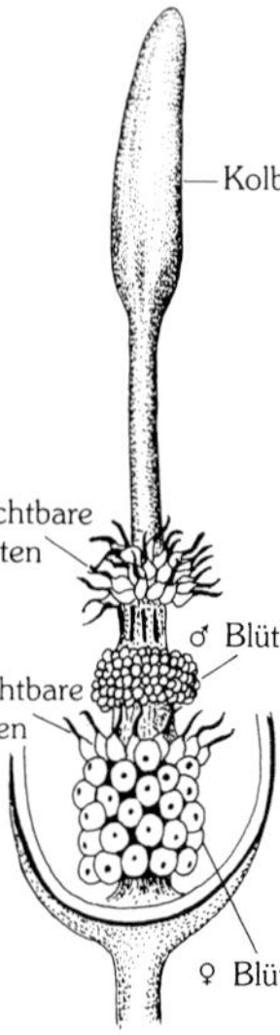

Fruchtstand

Merkmale: 15–50 cm; Blütezeit IV–V. Ein bis zu 20 cm langes, grünliches Hochblatt (Spatha), das basal tütenförmig eingerollt ist und sich zu einem bauchigen Kessel erweitert, umgibt den endständigen Kolben. An diesem lassen sich bei genauer Betrachtung verschiedene Bereiche erkennen (vgl. Grafik): Ganz unten im Kessel befinden sich die eingeschlechtigen (!), sehr stark reduzierten Blüten, zuunterst ein Kranz von weiblichen und etwas höher ein Ring männlicher Blüten. Schließlich ragt das keulenförmige, nackte (keine Blüten!) violett oder dunkelpurpurn gefärbte Kolbenende aus der Spatha-Umhüllung. Insgesamt kann man den gesamten Blütenstand einschließlich des Hochblattes als große »Scheinblüte« (Pseudanthium) auffassen. Als Früchte werden fleischige, rote Beeren in einem ährenartigen Fruchtstand (s. Grafik) gebildet; sie enthalten Giftstoffe. Die lang gestielten, spieß- bis pfeilförmigen, grundständigen Blätter sind entgegen dem Artnamen in den meisten Fällen ungefleckt. **Standort:** Nährstoffreiche, humose Laubwälder (besonders Buchen), Schluchtwälder, Auenwälder; bis 1000 m. **Verbreitung:** Südskandinavien, Mittel- und Südeuropa.

Der gesamte Blütenstand des Aronstabs stellt eine Kesselfalle dar: Beim Aufblühen rollt sich die Spatha auf und der Kolben ragt heraus. Er scheidet unangenehm urin- bis kotähnlich riechende, flüchtige Substanzen an die Umgebung ab und fördert gleichzeitig deren Verdampfung durch intensive Wärmeentwicklung (die bei der Veratmung von Stärke im Kolben entsteht). Durch den Duft werden Schmetterlingsmücken *(Psychoda)* angelockt, die von dem durch Ölzellen glatten Rand in die Kesselfalle abstürzen, aus der sie wegen der glatten Wände und reusenartig angeordneten Haare vorerst nicht entkommen können. Inzwischen hat das weibliche Blühstadium begonnen: Die Narben scheiden ein Sekret zur Beköstigung der Insekten ab und werden von deren mitgebrachtem Pollen bestäubt. Es handelt sich demnach um eine Vorweiblichkeit. Am folgenden Tag öffnen sich die männlichen Blüten, die Insekten beladen sich erneut mit Pollen; inzwischen sind auch die Gleitflächen wieder begangbar und die »Reusenhaare« erschlafft. Der Geruch ist verschwunden. Bald schon sind die Insekten wieder frei und werden – von einem anderen Blütenstand angelockt – in gleicher Weise den Pollen übertragen. Damit sind Fremdbestäubung und Fruchtansatz gesichert.

Register

Deutsche Namen

Wissenschaftliche Namen

Die heimische Pflanzenwelt entdecken.

Thomas Schauer/
Claus Caspari
Der große BLV Pflanzenführer
Qualität, die Maßstäbe setzt: der Klassiker unter den großen Pflanzen-Bestimmungsbüchern – jetzt in Neuausgabe; über 1500 Blütenpflanzen Mitteleuropas mit 1140 detaillierten Farbzeichungen und allen wichtigen Fakten.

BLV Naturführer
Dankwart Seidel
Unsere schönsten Wildpflanzen
Von Frauenschuh bis Fingerhut, von Rittersporn bis Adonisröschen: besonders schöne, seltene oder ungewöhnliche Blütenpflanzen leicht bestimmen.

Bestimmen auf einen Blick
Michael Lohmann
Alpenblumen
mit Faltplan
200 heimische Arten: Merkmale, Verwechslungsmöglichkeiten, Standort, Verbreitung, Gefährdung. Mit Faltplan: die Arten auf einen Blick, geordnet nach Ähnlichkeit.

Top Guide Natur
Dankwart Seidel
Blumen
200 heimische Blütenpflanzen treffsicher bestimmen mit dem 3er-Check, dem genial einfachen Bestimmsystem: nur drei Merkmale checken – die gesuchte Art schnell und sicher identifizieren.

Im BLV Verlag finden Sie Bücher zu den Themen: Garten und Zimmerpflanzen • Natur • Heimtiere • Jagd und Angeln • Pferde und Reiten • Sport und Fitness • Wandern und Alpinismus • Essen und Trinken

Ausführliche Informationen erhalten Sie bei:

BLV Verlagsgesellschaft mbH
Postfach 40 03 20 • 80703 München
Tel. 089/127 05-0 • Fax -543 • http://www.blv.de